面向互联网的虚拟计算环境

卢锡城　王怀民　朱　鸿　王　戟　主编

科学出版社

北京

内 容 简 介

本书在互联网计算的背景下系统地研究"虚拟化"问题，阐述"按需聚合，自主协同"的互联网资源管理模型和方法，该模型和方法将计算机时代面向静态统一视图的资源组织模式拓展为互联网时代面向动态相对稳定视图的按需可伸缩的资源组织模式，将传统的基于集中控制的资源共享模式转换为自主协同的资源共享模式，以实现灵活构建支撑高效互联网计算的虚拟计算环境。

本书结合课题组研究实践，详细介绍虚拟计算环境在概念模型与体系结构、资源虚拟化、虚拟资源的分布式管理、虚拟资源的协同机制、编程语言和环境等方面的研究成果和最新进展。

本书可作为高等院校互联网计算、云计算等专业高年级本科生和研究生的教材，也可供相关领域科研人员和工程技术人员参考。

图书在版编目 (CIP) 数据

面向互联网的虚拟计算环境/卢锡城等主编. —北京：科学出版社，2016

ISBN 978-7-03-048865-7

Ⅰ. ①面… Ⅱ. ①卢… Ⅲ. ①计算机网络—研究 Ⅳ. ①TP393

中国版本图书馆 CIP 数据核字(2016)第 136612 号

责任编辑：王 哲 董素芹 / 责任校对：郭瑞芝
责任印制：徐晓晨 / 封面设计：迷底书装

*科学出版社*出版
北京东黄城根北街 16 号
邮政编码：100717
http://www.sciencep.com
北京九州迅驰传媒文化有限公司 印刷
科学出版社发行 各地新华书店经销

*

2016 年 6 月第 一 版 开本：720×1 000 1/16
2019 年 1 月第二次印刷 印张：12 1/4
字数：240 000
定价：76.00 元
(如有印装质量问题，我社负责调换)

前　言

互联网正由一般意义下的计算机通信平台逐步演变成为一个覆盖全球的虚拟计算环境。互联网上汇聚的海量计算资源、存储资源、数据资源和应用资源已经成为国家重要战略资源。建立以有效管理和综合利用互联网资源为目标的虚拟计算环境，是全球关注的、具有重大产业价值的课题，已被列入了《国家中长期科学和技术发展规划纲要（2006—2020）》。

课题组从 2005 年开始，在国家 973 计划两轮项目的资助下，历时 10 年，开展了面向互联网的虚拟计算环境（Internet-Based Virtual Computing Environment，iVCE）的研究。iVCE 旨在面向互联网基础设施构建类似计算机操作系统的一体化服务环境，支持用户在开放的网络上有效地共享资源，便捷地协同工作。互联网资源所特有的动态不确定性、自治不可控性和异构多尺度性使得在计算机系统资源管理中的传统方法不再适用，必须研究互联网资源管理的新机理和新的软件环境。本书阐述了 iVCE 的重要成果和最新发展。全书分为 7 章，具体安排如下：

第 1 章是引言部分，介绍互联网的发展历史，分析互联网资源的自然特性，介绍资源虚拟化的基本概念，进而提出面向互联网的虚拟计算环境所面临的科学技术问题。

第 2 章提出 iVCE 的概念模型与体系结构，介绍在解决科学技术问题过程中的设计考虑，并与现有的计算模型进行对比分析，进一步展示 iVCE 的特点。

第 3 章介绍 iVCE 中的资源虚拟化技术，针对计算、内存和网络等资源，分别介绍其技术内涵、研究进展以及在构成 iVCE 自主元素过程中的应用。

第 4 章介绍 iVCE 中的虚拟资源分布式管理技术，包括虚拟资源的分布式组织、虚拟资源的分布式搜索，以及虚拟资源的优化管理等。

第 5 章介绍 iVCE 中的虚拟资源协同技术，在资源管理虚拟共同体模型的基础上，提出基于服务的虚拟执行体协同机制，主要包括事件驱动的协同机制和协同激励机制等。

第 6 章针对 iVCE 自主元素的特点，采用 Agent 的方式对其进行控制和访问，进而提出一种以 Agent 为基本构成单元的程序设计语言 CAOPLE。

第 7 章简要介绍互联网应用的新发展，阐述互联网新型应用发展对互联网规模计算带来的新挑战，讨论 iVCE 为应对这些挑战的最新研究进展，包括面向互联网计算的多尺度弹性体系结构模型、多尺度资源的弹性绑定，以及支持多尺度资源的高效聚合和可信服务。

本书由卢锡城、王怀民、朱鸿、王戟主编，参加编写的人员有李东升、张一鸣、王意洁、毛新军、褚瑞、李慧霸、符永铨、陈振邦、唐扬斌、朱鸿、周斌、张圣栋等，英国牛津布鲁克斯大学的 Ian Bayley 参加了 CAOPLE 的部分设计，Thomas Fantou 编写了 CAOPLE 的编译程序。由张一鸣对全书进行统稿。由于作者水平有限，再加上时间仓促，书中难免会出现不足之处，恳请读者批评指正。

作　者

2016 年 5 月

目　　录

第1章 引 言

    1983 年 1 月 1 日，美国国防部授权在 ARPANET 使用 TCP/IP，标志着互联网技术步入快速发展阶段。互联网功能上经历了全球通信网、全球数据网和全球资源网三次重大跃升，规模和应用的发展速度十分惊人。经历了 30 余年的发展演化，互联网汇聚了海量的计算资源、存储资源、数据资源和应用资源，已成为现代社会的重要信息基础设施。

    据统计，2010 年运行在互联网上的服务器数量已超过 5000 万台[1]，且随着信息技术（Information Technology，IT）公司的成长和信息规模的膨胀而不断增长。2013 年亚马逊的服务器数量达到 15.8 万台，比 2009 年增长了 30 倍[2]。根据国际数据公司（International Data Corporation，IDC）的预测，全球数据中心数量在 2017 年将达到 860 万[3]，每个数据中心的规模按照比较保守的 1000 台服务器来计算（中小型数据中心是指规模小于 3000 个标准机架的数据中心[4]），届时全球数据中心的服务器总数将达到 86 亿台。

    据统计，2010 年全世界一年内产生的数据量超过 1ZB，2014 年全世界一年内产生的数据量达到 7ZB，预计 2020 年全世界一年内产生的数据量将达到 35ZB[5]。2015 年，Facebook 系统每天要处理 25 亿条消息，数据量超过 500TB，用户单击 Like 按钮的次数达到 27 亿次，上传 3 亿张照片，每半个小时扫描的数据大约为 105TB[6]。Google 的 Gmail 邮箱的总存储容量理论上达到了 4EB 规模。微软的云存储服务 SkyDrive 的存储容量理论上已经达到 6.25EB 左右。

    据统计，2015 年，Android 应用商店中的程序总数突破 140 万个，开发者数量达到 38.8 万[7]。与此相比，2015 年苹果的 App Store 中的应用程序数量则达到 150 万个，其下载量累计超过 30 亿次，其中 iPhone 应用程序数量已经超过百万。2015 年，微信公众号的数量已经突破 1000 万，每天还在以 1.5 万的速度增长[8]。

    据统计，2014 年，Facebook 的活跃用户数量达到 22 亿，而 2013 年 Facebook 报告其每月活跃用户数为 11 亿人，也就是说，Facebook 公司的每月活跃用户总数在一年之内增加了一倍左右[9]。腾讯公司 2011 年 1 月 21 日发布第一个微信版本，2013 年微信注册用户数量超过 3 亿，2015 年微信每月活跃用户已到达 5.49 亿[10]。2013 年，微软的云存储服务 SkyDrive 活跃用户数量突破 2.5 亿[11]。2015 年，Google 的 Gmail 邮箱用户数量达到 4.25 亿[12]。2015 年，中国移动 3G 和 4G 用户总数超过 6.7 亿，其中 4G 用户达到 2.25 亿[13]。

    由此可见，互联网已经由一般意义下连接计算机的网络演变成为一个覆盖全球、提供各类信息服务的计算平台。30 多年前，人们面对的计算环境是独立的计算机；如今，人们面对的计算环境是连接众多类型计算机（包括智能手机）的（移动）互联网。计算机产业得以迅速发展并进入寻常百姓家的一个重要技术基础就是计算机操作系统的成熟，其不仅使计算机硬件资源得到了高效管理和利用，而且极大地方便了普通用户便捷有效地使用计算机。当人们面对互联网的时候，自然期待在互联网上有这样一个类似计算机操作系统的"互联网操作系统"，将互联网管理成为一个统一的计算平台。可以说，这个愿望一直若隐若现地伴随着互联网的发展，每当互联网技术出现一次跃升时，这一愿望之火就会喷发一次。

1.1　互联网发展进程中的三次跃升

1.1.1　第一次跃升（TCP/IP）

　　互联网的第一次重大技术跃升是 20 世纪 80 年代 TCP/IP 的广泛采用，TCP/IP 被虚拟化为一种特殊的 I/O 模式植入 UNIX 操作系统，能方便实现各类网络的互连，使不同网络的计算机之间可以实现进程间通信，方便地发送邮件、传递文件。这次技术跃升使互联网真正成为全球通信网，20 世纪 80 年代，Sun 公司为提升 TCP/IP 和网络操作系统的重要性，提出了"网络就是计算机"[14]的口号，"网络就是计算机"是指由许多计算机通过网络连接起来的系统，本身就是一台巨大的计算机，我们称其为"第一次互联网计算"的实践。这一实践的核心是试图在互联网上续写计算机操作系统在资源管理方面的成功，通过"分布式操作系统"管理整个网络资源，形成单一用户视图[15]。但是，十年之后，这样的分布式操作系统并没有出现。

　　人们探索把计算机操作系统中经典的资源虚拟化思想和集中控制机制在网络计算时代延拓到企业计算（enterprise computing）[16,17]中。企业计算是企业计算模型、资源、中间件和应用的统称。企业计算模型的典型代表是客户/服务器（Client/Server，C/S）模型及其变形，如三层 C/S 模型、浏览器/服务器（Browser/Server，B/S）模型等；企业计算资源是指隶属某组织机构的、可依据该组织机构控制力量实施统一管理的资源；企业计算中间件包括支持应用互操作和应用服务器构建的平台软件；企业计算应用是指支撑某机构业务、有相应的服务质量承诺的分布式应用，如金融服务、电信运营、政务管理、军事指挥等方面的信息系统。企业计算也可视为针对资源管理、简化流程等共性问题的大型业务软件解决方案。20 世纪 90 年代是企业计算大发展的时期[18]。近年来，虚拟机[19,20]技术再度兴起的现象表明，在企业计算领域，经典的资源虚拟化在网络化的服务器资源（如集群服务器）管理中仍然成效显著。人们在思考，经典的资源虚拟化技术在网络计算领域还能走多远，在互联网上是否能够构建跨越组织的资源共享应用。

1.1.2　第二次跃升（WWW）

互联网的第二次重大技术跃升是 20 世纪 90 年代环球信息网络（World Wide Web，WWW）技术的发明和广泛应用，使互联网真正成为全球数据网。WWW 成功地向世人展示，在互联网上实现跨越组织的资源共享不仅是可能的，而且其作用和影响是传统企业计算应用不可替代的。这一技术跃升和成功应用在一定意义上激发人们从 20 世纪 90 年代末开始了"Web 服务"[21]和"网格计算"（grid computing）[22, 23]的实践，我们称其为"第二次互联网计算"的实践。Web 服务是用以支持网络间不同机器的互动操作的软件系统，试图借鉴 WWW 的形式为用户提供透明、松耦合的第三方服务；网格计算通过汇聚分布的计算资源形成强大的计算能力，其目标既易于理解又十分诱人：使用网络上的计算资源犹如使用水电一样快捷简便。进入 21 世纪，这两方面的研究趋于融合，前者成为后者的技术途径。然而十年过去了，网格计算描绘的景象还没有出现。

两股不同的力量，朝着不同的方向努力，产生了不同的结果。一股是来自计算机领域的力量，按照计算机资源管理的经典准则，让网格计算落地，回归企业计算。例如，英国 e-Science[24]和我国 CNGrid[25]作为典型的网格计算应用，从技术角度看实际上是企业计算应用；美国国防部更直截了当地把其全球信息栅格（Global Information Grid，GIG）的平台定位为企业计算平台。另一股是来自互联网应用领域的力量，遵循互联网的自然特性，构造新型的互联网应用，产生了 Web 2.0 和对等计算（Peer-to-Peer，P2P）等令人瞩目的成果[26,27]，Foster[28]在他的著作中也提出网格计算的发展要借鉴 P2P 的思想。

1.1.3　第三次跃升（Cloud）

互联网的第三次重大技术跃升是 21 世纪云计算技术的出现和广泛应用，使互联网成为全球资源网。云计算[29]是一种通过互联网以服务的方式提供动态可伸缩的虚拟化资源的计算模式，通过采用按使用量付费的模式，为用户提供按需便捷可配置的资源服务。云计算是传统分布计算、并行计算和网格计算的发展，它的出现向世人展示，可以通过互联网实现跨越地域按需可扩展的资源共享，它意味着计算能力、存储空间和各种软件服务可以作为一种商品通过互联网进行流通，有效实现了提高资源利用率和改善用户体验的双赢。

云计算既是互联网的一次技术跃升，更是互联网计算的一次重要实践，我们称其为"第三次互联网计算"的实践。云计算的核心是将计算资源、存储资源、网络资源以虚拟化和自适应的方式通过网络提交给用户使用，实现随用随付（pay-as-you-go）的资源使用方式。云计算从基础设施即服务（Infrastructure as a Service，IaaS）、平台即服务（Platform as a Service，PaaS）和软件即服务（Software as a Service，SaaS）三个层面上为用户提供按需自助的、可伸缩可度量的服务。

1.2 互联网资源的自然特性

实现面向互联网的网络计算所面临的技术挑战主要源自互联网资源的固有特征。与传统计算机环境中的资源相比较，互联网环境下的资源具有"成长性""自治性"和"多样性"等自然特性[30]。

1.2.1 成长性

成长性是指互联网资源规模不断膨胀、资源关联关系不断变化的动态特性。互联网是一个不断成长的开放系统，其覆盖地域不断扩大，大量的分布异构资源不断更新与扩展，呈非线性增长。

例如，美国 Lumeta 公司从 1998 年开始启动"互联网地图"项目[31]，旨在对互联网的增长情况进行长期研究。"互联网地图"的每一个节点所代表的可以是计算机群，也有可能是一个大型公司的网络。根据"互联网地图"数据，1998 年 8 月的全球互联网拓扑地图包含 88000 个骨干网路由器；2003 年 4 月的全球互联网拓扑地图包含 159000 个骨干网路由器，其规模是 1998 年的两倍；2008 年 4 月的全球互联网拓扑地图包含 450000 个骨干网路由器，其规模是 1998 年的 5 倍。

随着互联网应用的扩展与深入，资源在快速增长，资源间的关联关系也在不断演化，资源特征信息（即有关资源属性的描述信息）也随之相应地扩充和变化，从而导致互联网的资源视图难以确定。

1.2.2 自治性

自治性是指互联网资源的局部拥有、自主决策的特性。互联网上很多资源的拥有者是特定的组织和个人，资源拥有方可以根据资源需求方的要求提供资源，也可以拒绝提供，不同的拥有者可以有不同的服务策略。

例如，Google 拥有超过 500 个数据中心用于处理不同地域的不同任务，服务器数量超过 100 万台[32]。其中，一部分服务器用于满足公司的正常运转，一部分服务器（如云计算平台 Azure 和云存储平台 Google Drive）以付费方式提供给外部用户共享使用。Google 拥有的丰富数据资源，既通过免费的网页和图片搜索引擎为普通用户提供服务，也提供了付费的网页和图片搜索服务以限制特定数据资源被访问的用户群体。同样，Google 的软件资源也支持免费和付费两种使用模式，例如，免费的个人邮箱和付费的企业邮箱、免费的较低清晰度的地图和付费的高清晰度的地图等。

显然，传统操作系统的全局化资源控制模式已不再适用，同样地，现有互联网资源的管理模式，也难以有效聚合和使用浩瀚的局部自治的资源，来共同完成大型应用任务。

1.2.3 多样性

多样性是指互联网资源属性存在广泛差异的特性。互联网上的资源多种多样，包括各类信息和数据、各种应用程序和服务等软资源，还包括各种计算设施、仪器等物理资源。

例如，Facebook 作为全球规模最大的社交网络，拥有着浩瀚的资源。在计算资源方面，其 3 个数据中心就拥有 18 万台服务器[33]；在存储资源方面，为管理每天 TB 级增长的数据，不仅拥有数以万计的 SATA（Serial Advanced Technology Attachment）硬盘用于大容量存储，还拥有大量内存和高容量闪存设备，以提高 MySQL 数据库的 I/O 效率[34]；在数据资源方面，数据中心存放着海量的文本文档、照片、视频、应用程序，且大量是非结构化数据，用户平均每天上传的数据条目超过 120 亿[9]，每月仅上传照片的容量就高达 7PB；在软件资源方面，2011 年 9 月～2012 年 6 月 Facebook 发布了 4500 款应用，包括网络游戏、个性化搜索、文件共享、社交阅读、在线音乐播放、社交视频、地理位置信息服务、在线视频聊天等[35]。腾讯作为中国规模最大的社交网络，同样拥有海量资源。在计算资源方面，其服务器总数已超过 30 万台[36]；在存储资源方面，为了应对每天 TB 级增长的数据，腾讯从 2009 年开始自研分布式数据仓库（Tencent Distributed Data Warehouse，TDW）以提升数据存储的可扩展性，仅腾讯云数据中心的服务器数目就达到 20 万台[37]，为每个用户免费提供 10TB 的存储空间；在数据资源方面，腾讯拥有的总数据量超过 100PB[38]，仅其旗下应用 QQ 空间上的照片就超过 1500 亿张[39]；在软件资源方面，截至 2015 年 8 月底，接入腾讯开放平台的应用数量超过 400 万[40]。

资源不断地快速增长和属性的甚大差异，使得对资源统一建模和管理面临严峻的挑战。

1.3　资源虚拟化技术

虚拟化是指将计算机的各种实体资源予以抽象、转换后以逻辑的形式呈现出来，使用户以更好的方式来管理和应用这些资源。面对互联网资源的成长性、自治性、多样性等自然特性，虚拟化技术正成为人们探索有效管理互联网资源的重要途径。

虚拟化不是一个新概念。事实上，计算机操作系统就是虚拟化技术的代表性成果，它帮助用户摆脱了对复杂计算机实体资源管理的重负，使多个用户能同时和谐地共用一台计算机，有效提高了资源的利用率。

经典的虚拟化技术的重要成果是构建虚拟机。虚拟机是对真实计算环境的抽象和模拟，其技术发展已有半个多世纪的历史。早在 20 世纪 60 年代中，IBM 公司研制的 M44/44X 系统，就利用软件和硬件把一台 IBM 7044 系统（M44）模拟成多台 7044 虚拟机（称为 "44X"）。虽然 M44/44X 系统只是用于研究，但它的开拓创新得到业界公认，被认为是"虚拟机"的开山鼻祖。严格意义上，M44/44X 系统没有完整地模拟基础硬件，还不算完全的虚拟化。20 世纪 70 年代，第一个虚拟机操作系统 VM/370 问世，并随着 IBM System/370 真正投入应用[41]。

　　20 世纪 80 年代后，价格低廉的服务器和台式机大量普及，虚拟化技术的发展曾一度放缓。进入 21 世纪，互联网得到广泛深入的应用，虚拟化技术在企业计算、灾难恢复、安全隔离等方面的优势，使之进入快速发展期，并成为学术界的研究热点。近年来，随着多核系统、集群、网格、云计算的广泛部署，虚拟化技术在商业应用上的优势也日益体现，既大幅降低了 IT 成本，又显著增强了系统的安全性和可靠性。据统计，VMware 虚拟机产品已经被 80%以上的全球百强企业所采纳[42]。

　　根据向上层应用所提供的接口层次，可以把虚拟机分为四种类型：硬件抽象层虚拟机、操作系统层虚拟机、应用程序编程接口（Application Programming Interface，API）层虚拟机，以及编程语言层虚拟机，如图 1.1 所示。

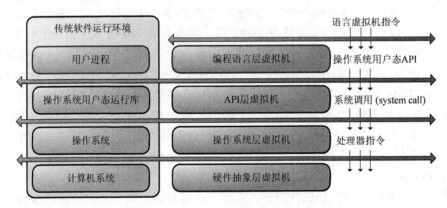

图 1.1　层次化的虚拟机分类

　　硬件抽象层虚拟机：对上层软件（即客户操作系统）而言，硬件抽象层虚拟机构造了一个完整的计算机硬件系统，与客户操作系统的接口为完整的处理器指令集。人们熟悉的 VMware 虚拟机，就属于此类型。

　　操作系统层虚拟机：通过动态复制操作系统运行环境，创建多个称为"虚拟容器"的虚拟机，对运行在每个容器之上的软件而言，这种虚拟机均提供了一个完整的操作系统软件环境，而它与上层软件（用户态应用程序或内核模块）的接口就是系统调用。Linux Container 就是比较有名的 Linux 操作系统虚拟机。

　　API 层虚拟机：这类虚拟机也为上层应用软件（用户态应用程序）提供了特定操作系统运行环境的模拟，但所提供的不是模拟处理器指令或系统调用，而是模拟实现了该操作系统的各类用户态 API。例如，在 Linux 操作系统上支持 Windows 应用程序的 Wine 和在 Windows 操作系统上支持 Linux 应用程序的 cygwin 等就属于此种类型。

　　编程语言层虚拟机：这类虚拟机利用解释或即时编译（Just-In-Time，JIT）技术来

运行语言虚拟机指令，从而实现软件的跨平台特性。这方面最典型的例子莫过于 Java
语言的虚拟机。

虚拟化技术能支撑计算任务更好地适应互联网资源的自然特性，有力推动了互联网
的第三次跃升。例如，互联网资源的动态性给互联网计算带来了重大技术挑战，互联网
环境下，计算任务和计算资源的绑定关系随时可能改变，必须实现在保持计算任务不变
的情况下，动态切换其承载资源，虚拟机迁移技术就提供了一种很好的技术途径。虚拟
机迁移是指在虚拟机不关机的情况下，把虚拟机的所有工作状态暂时冻结，从一台宿主
机迁移到另一台宿主机上，并在新的宿主机上恢复虚拟机的工作状态。从原理上讲，实
现虚拟机迁移的技术并不困难，难的是提高迁移效率。有两种迁移方式，一种是上面描
述的"暂停运行、冻结状态、迁移、恢复执行"方式，即"冷迁移"，该方式暂停运行
时间较长；另一种是虚拟机能够一边迁移，一边仍然保持工作，把停机时间缩短到几乎
可以忽略不计的程度，即"热迁移"。显然"热迁移"技术的效率高，能更好地适应面
向互联网计算的要求，并较为有效地屏蔽了互联网资源的动态性，但实现技术难度大。

把虚拟化技术有效应用到面向互联网的计算中，仍然存在不少关键问题要解决，既
有科学层面的问题，更有技术层面的挑战。本章首先概述所面临的科学技术问题，后续
章节将针对这些问题开展探讨，介绍相关研究成果。各章汇聚一起完成本书的主要宗旨，
阐述面向互联网的虚拟计算环境（Internet-Based Virtual Computing Environment，iVCE）。

1.4　互联网资源虚拟化的科学技术问题

虚拟化技术为互联网资源管理应用开辟了一条途径，但仍面临诸多需要解决的科
学技术问题。虚拟化要解决两个重要技术问题：第一是"抽象"，把基础性的实体资源
"抽象"为用户易于理解和使用的模型；第二是"绑定"，使用时将抽象的模型高效绑
定到实体资源上。传统的操作系统很好地解决了这两个问题，实施了对资源的有效管
理。主要技术途径概括起来是两条：一是掌握系统资源全局信息；二是实施资源集中
管理和控制。能这样做的基础前提主要有三点：资源范围确定、资源描述统一、资源
可以集中管理和控制。

互联网资源所特有的动态不确定性、自治不可控性和异构多尺度性，使得在传统
计算机系统中行之有效的"虚拟化"资源管理方法不再适用。为了面对互联网中动态
资源的"多对多"使用问题，为了有效地组织、管理、利用跨越成千上万个组织的规
模化资源，为了充分满足众多用户的各种各样的需求，必须研究互联网资源管理的新
机理，研发新的虚拟化技术，有效解决开放环境下的按需聚合问题、分布自治资源的
自主协同问题、聚合与协同的计算性质问题。

1.4.1　开放环境下的按需聚合

在开放的互联网环境下，如何根据任务需求，运用局部信息，实现资源特征信息

的汇聚、组织和综合利用，形成满足任务需求的相对稳定的资源视图，支持任务完成，是互联网计算面临的首个挑战性问题。

互联网是一个不断成长的开放系统，其覆盖地域不断扩大，大量分布异构资源不断动态地更新与扩展。随着互联网应用的扩展与深入，资源及其关联关系的动态演化，会导致相应的资源特征信息（即有关资源属性的描述信息）的扩充和变化。资源的多样性使得资源描述的复杂度加大，必须探索资源特征信息在语义层面上的识别和组织。资源的成长性和自治性使得资源的配置只能在变化中保持视图的动态稳定。总之，在这样开放、动态变化的网络环境中，不可能获得传统意义下全面、时空一致的资源特征信息。因此，按传统方式进行全局资源管理的可能性已不存在，寻找可行途径，针对应用需求，建立相对稳定的资源特征信息计算视图，是实现互联网计算必须要应对的挑战。

1.4.2 分布自治资源的自主协同

互联网资源的分布与自治特性使资源的管理和使用方式发生重大变化，对自治资源实施集中统一的管理方式行不通，协同就成为资源共享和合作工作的一种基本模式。因此，如何支持并实现自治资源的协同，建立可预测、可评估、可调节的协同工作机制和运行环境，达到资源的有效共享和综合利用，完成共同任务，是互联网计算面临的核心问题。

在开放环境下，资源的多样性可能导致不同自治资源在协同模式、协同环境、协同对象和协议等方面具有不确定性，多个自治资源在复杂的协同过程中局部目标与共同目标之间也可能不一致，这些都对自治资源自主协同的能力和计算环境的运行机制提出了更高的要求。实现开放动态环境下资源的灵活按需自主协同，形成互联网计算的核心运行机制，不仅要求资源具有更强的自主决策和适应能力，还必须从运行环境提供协议管理和演化等方面的支持。因此，研究和解决资源的自管理与动态决策、复杂条件下协同的约束满足、开放动态环境下协同模式的互操作、协同协议的管理与演化，以及自治资源的行为激励等问题，都是对传统资源管理理论与技术的挑战。

1.4.3 聚合与协同的计算性质

互联网计算的按需聚合和自主协同的机制复杂，如何建立聚合与协同计算性质的数学描述，相关度量、分析、评价和优化方法，以衡量聚合与协同方案的优劣及效用，指导聚合与协同机制的设计实现与使用，是互联网计算研究的基础性问题。

互联网的开放性，资源的自治性，资源聚合与协同环境存在的不完整性、不一致性和不确定性等问题，需要从理论上（如复杂性和质量）认识聚合与协同的静态性质与动态过程，包括大规模协同所呈现的复杂系统特性（如涌现行为）。传统的计算理论和方法已难以揭示和处理以交互为基本单元的计算的本质规律，也不足以对开放环境下的资源聚合与协同的计算性质进行定性和定量的研究，因此，无论从问题的答案还是从寻找答案的方法上都已经提出了基础性的挑战。

1.5　本 章 小 结

本章以互联网的三次技术跃升为线索简要介绍了互联网计算的发展历程，研究分析了互联网资源的"成长性""自治性"和"多样性"等自然特性，总结了互联网计算研究面临的三个关键科学技术问题，即开放环境下的按需聚合问题、分布自治资源的自主协同问题、聚合与协同的计算性质问题。

参 考 文 献

[1]　全球服务器总数. http://servers.pconline.com.cn/news/1004/2103301.html, 2010.

[2]　亚马逊服务器数量. http://cloud.idcquan.com/yzx/48586.shtml, 2013.

[3]　IDC 预测全球数据中心规模. https://www.idc.com/getdoc.jsp?containerId=prUS25237514, 2015.

[4]　工信部划分数据中心规模. http://news.idcquan.com/news/44282.shtml, 2015.

[5]　全球数据量. http://www.36dsj.com/archives/28204, 2015.

[6]　Facebook 产生数据量. http://www.shuju.net/article/MDAwMDE2O2TEy.html, 2015.

[7]　Android 应用商店 app 数量. http://www.ebrun.com/20150116/121376.shtml, 2015.

[8]　微信公众号数量. http://www.v11v.net/yejie/dongtai/3108.html, 2015.

[9]　Facebook 活跃用户数量. http://tech.qq.com/a/20140725/000288.htm, 2014.

[10]　微信公众号活跃用户数量. http://www.ithome.com/html/it/152417.htm, 2015.

[11]　SkyDrive 用户规模. http://cn.engadget.com/2013/05/07/skydrive-celebrates-250-million-users/, 2013.

[12]　Gmail 用户数量. http://tech2ipo.com/54434, 2015.

[13]　中国移动用户规模. http://tech.qq.com/a/20150721/016782.htm, 2015.

[14]　The network is the computer. http://en.wikipedia.org/wiki/The_network_is_the_computer, 2014.

[15]　Tanenbaum A S. Distributed Operating Systems. London: Pearson Education, 1995.

[16]　Enterprise computing. http://www.techopedia.com/definition/27854/enterprise-computing, 2014.

[17]　Enterprise software. http://en.wikipedia.org/wiki/Enterprise_software, 2014.

[18]　Fowler M. Patterns of Enterprise Application Architecture. Boston: Addison-Wesley Longman Publishing, 2002.

[19]　Popek G J, Goldberg R P. Formal requirements for virtualizable third generation architectures. Communications of the ACM, 1974, 17(7): 412-421.

[20]　Smith J E, Nair R. The architecture of virtual machines. Computer, 2005, 38(5): 32-38.

[21]　Web service. http://www.w3.org/TR/ws-arch, 2014.

[22]　Grid computing. http://en.wikipedia.org/wiki/Grid_computing, 2014.

[23]　Berman F, Fox G C, Hey A J. The Grid: Past, Present, Future. New York: Wiley & Sons, 2003.

[24]　Dew P, Schmidt J, Thompson M. The white rose grid: Practice and experience. Proceedings of the

2nd UK all hands e-science meeting, EPSRC, 2003: 1-8.

[25] 钱德沛. 中国国家网格的研究与实践. 中国计算机学会通信, 2007, 3(10): 18-28.

[26] Liu Y, Guo Y, Liang C. A survey on peer-to-peer video streaming systems. Peer-to-Peer Networking and Applications, 2008, 1(1): 18-28.

[27] O'reilly T. What is Web 2.0: Design patterns and business models for the next generation of software. Communications and Strategies, 2007, 65(1): 17-37.

[28] Foster I, Kesselman C. The Grid 2: Blueprint for a New Computing Infrastructure. Amsterdan: Elsevier, 2003.

[29] Cloud computing. http://en.wikipedia.org/wiki/Cloud_computing, 2014.

[30] Lu X C, Wang H M, Wang J. Internet-based virtual computing environment (iVCE): Concepts and architecture. Science in China Series F: Information Sciences, 2006, 49(6): 681-701.

[31] Lumeta. http://www.lumeta.com, 2014.

[32] Google 服务器架构解析. http://demo.netfoucs.com/xiexievv/article/details/8652267, 2013.

[33] Facebook 服务器数目. http://server.it168.com/a2012/0910/1395/000001395705.shtml, 2015.

[34] Facebook 存储资源. http://www.csdn.net/article/2013-03-07/2814383-facebook-new, 2015.

[35] Facebook 软件资源. http://www.aliyun.com/zixun/content/2_6_300086.html, 2014.

[36] 腾讯服务器总数. http://www.ctiforum.com/news/guonei/436743.html, 2015.

[37] 腾讯数据中心. http://www.csdn.net/article/2015-01-20/2823638, 2015.

[38] 腾讯数据存储总量. http://www.donews.com/net/201312/2659559.shtm, 2015.

[39] QQ 空间数据量. http://www.idcps.com/News/20120808/43222.html, 2015.

[40] 腾讯开放平台. http://www.ccidnet.com/2015/1022/10040647.shtml, 2015.

[41] 虚拟机技术. http://wenku.baidu.com/link?url=AiReOj7yHvyMpvxhq7FqrmCGzYjoMbhlMIDRcBrfEUWtXeejujv30Ej8eBazT2MJL80R2NB4EHTMUITho_rcNpmA6lKkDxXvURNBpkHkPxC, 2015.

[42] 虚拟机技术分类. http://safe.it168.com/a2009/1013/757/000000757613.shtml, 2015.

第 2 章　概念模型与体系结构

第 1 章概述了虚拟化技术的演进历程，阐述了互联网资源的三大自然特性，即自治性、成长性和多样性，提出了互联网资源虚拟化研究面临的三个科学技术问题，即开放环境下的按需聚合、分布自治资源的自主协同和聚合与协同的计算性质，讨论了为实现互联网资源综合利用和有效共享,在虚拟计算环境建模和设计方面的关键技术，明确了本书的宗旨是研究 iVCE。

本章将介绍 iVCE 概念模型和体系结构，讨论 iVCE 与现有互联网计算模型之间的联系。本章内容是后续章节中有关资源虚拟化、分布式管理、协同机制和程序设计等方面研究的共同基础。

2.1　概　念　模　型

iVCE 概念模型旨在阐述 iVCE 的核心概念、相关要素及各要素间的相互关系。概念模型应科学体现 iVCE 的自然特性,指导 iVCE 相关科学问题的研究和 iVCE 体系结构的设计[1,2]。

2.1.1　设计原则

iVCE 研究的核心目标是，寻求适应互联网资源自然特性的聚合与协同方法，促进互联网资源的有效共享和综合利用。iVCE 概念模型设计必须针对互联网资源的特点，综合考虑多方面因素，以有效支撑核心机制、管理策略、体系结构等方面的设计。

1）概念设计立足抽象

互联网资源的异构性和多样性较之计算机资源更为明显。例如，不同的数据资源可以采用不同的数据结构、存储组织、管理方式和实现手段；再如，互联网资源对外既可以呈现为各类信息和服务，也可以呈现为各种计算、存储、处理等能力。iVCE 概念模型设计必须有效隐藏互联网资源的异构性和多样性，以便在一定的抽象层次聚焦研究互联网资源的聚合与协同问题，更好地把握互联网资源的本质和 iVCE 的核心机理。

2）模型设计聚焦行为

互联网资源分布在开放环境下，分属不同的组织、机构和个人，没有实施集中管控的个体或系统，其行为的一大特点是局部自治、自主决策。互联网资源的内在特征信息和它们之间的相互关系处于不断动态演化过程之中，这种演化又受到互联网资源自身规律的约束和限制，致使 iVCE 整体表现出来的宏观涌现特征也会受到局部资源演化的影响。因此，iVCE 概念模型的设计必须充分考虑互联网资源的自治、成长等方面的行为特点，合理表征互联网资源的自然特性，从而为研究分析互联网资源的行为特征提供有力支撑。

3）机制设计面向应用

互联网资源的自然特性打破了传统封闭环境下资源管理的基本假设，包括资源具有明确的边界、资源是可控的、可以建立统一的资源描述方法、可以通过全局控制方式来管理资源等。面对开放的互联网环境，互联网资源的有效共享和综合利用必须创新思路和机制，例如，变集中管控方式为按需聚合和自主协同模式，iVCE 机制设计必须有效支持互联网资源的按需聚合与自主协同，以利于互联网资源的有效共享和综合利用。

2.1.2 基本概念

为了准确抽象和描述互联网资源的自然特性，支持分布自治互联网资源的有效聚合与协同，iVCE 概念模型提出了三个核心概念："自主元素"（Autonomic Element，AE）、"虚拟共同体"（Virtual Commonwealth，VC）和"虚拟执行体"（Virtual Executor，VE）。

1. 自主元素

自主元素是对多样、异构互联网资源的抽象表示。它既是 iVCE 实施资源管理的基本单位，也是提供行为能力的资源主体。从外部看，自主元素实现对多样、异构互联网资源的抽象、封装和管理，是提供对外服务的资源主体。从内部结构看，自主元素由实体资源、感知部件、行为驱动引擎和执行部件等要素构成，如图 2.1 所示。从技术角度，自主元素就是对互联网上各类规模不一、功能各异资源的"虚拟化"。

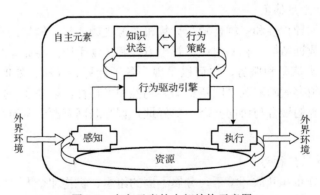

图 2.1　自主元素的内部结构示意图

（1）资源。资源是自主元素的管理对象。一个自主元素可以封装一个或多个互联网上的实体资源，一个实体资源也可以被多个功能或职责不同的自主元素所管理。自主元素通过执行部件操作实体资源、改变资源状态，利用对外接口提供资源访问服务，借助感知部件感知外界环境变化、适时掌握资源状态。

（2）感知部件。感知部件为自主元素提供对其所驻留的外部环境和所管理实体资源运行状态的感知能力，如对存储空间、计算负荷、网络带宽变化的感知等。自主元素所感知的状态信息与相关行为控制策略关联后可以形成自主元素的知识状态。

（3）行为驱动引擎。每个自主元素都可以定义一组基本动作，用于管理资源、提供服务，以及对各种外部环境和内部状态变化作出响应。行为驱动引擎根据感知部件获得的环境和资源状态信息产生相应的动作决策，并交由执行部件来实施，动作的执行结果可能会影响资源自身状态，甚至所驻留的环境。感知部件、行为驱动引擎和执行部件共同构成了自主元素的控制环路，是实现资源自主化的核心。

行为驱动引擎的动作决策主要取决于自主元素内部的知识和行为策略。知识表征了自主元素对环境的认识（模型）和自身历史经验的积累；行为策略则定义了自主元素的行为决策。自主元素的行为驱动引擎根据外部环境和内部状态的变化所产生的刺激，进行推理和选择，并最终驱动执行部件实施行为。

抽象地讲，自主元素可表示为一个五元组：AE=<RESOURCES，SENSOR，PERCEPT，ACTIONS，BEHAVIOR>。

（1）RESOURCES = {Res_1, Res_2, $\cdots$, Res_n}，是受自主元素管理的资源集合。

（2）SENSOR: $T{\rightarrow}2^{PERCEPT}$，定义了自主元素的感知输入，$T$ 是时刻序列。

（3）PERCEPT= {P_1, P_2, $\cdots$, P_m}，描述了自主元素所感知的内在资源和外部环境的状态。

（4）ACTIONS = {a_1, a_2, $\cdots$, a_k}，定义了自主元素提供的一组原子动作集合。

（5）BEHAVIOR：$2^{PERCEPT}{\rightarrow}ACTIONS$，定义了自主元素如何根据感知状态进行行为决策。

自主元素是资源"虚拟化"的集中代表，从结构和方法上为实现互联网资源的按需聚合与自主协同奠定了基础。一个自主元素可以是一个或多个实体资源的抽象和封装，还可以由多个自主元素组合而成。自主元素对外提供支持按需聚合的资源元信息，支持通过标准接口实现资源访问和交互。从生命周期角度来讲，自主元素具有持久性和动态性，在其生命周期中可以休眠或唤醒；从建模角度来讲，自主元素是对互联网资源的抽象表示；从技术实现角度来讲，自主元素是对互联网资源的虚拟化和自主化。

iVCE 资源的异构性和应用的多样性，导致不同的应用会对资源共享和协同能力提出不同的需求。有些应用只需要资源具有反应式能力，而有些应用则需要记录和保存资源共享的历史信息，并以此为基础进行综合分析和判断。因此，自主元素的内部结构可以有多种不同形式。根据自主元素内部控制、行为实施的差异性，将自主元素分为两类。一类是只具有简单反应式策略的自主元素，主要根据外在环境刺激（如服务请求）进行反应式的动作，这类自主元素仅需保留完整的行为策略，其知识状态则相对退化，提供传统 Web 服务的自主元素可以视为典型的反应式结构的示例。另一类自主元素具有行为推理决策能力，其内部保有必要的知识和状态信息，具有分析与推理等内部机制，实现对资源和环境状态的感知、分析以及复杂行为决策。与反应式自主元素不同，该类自主元素具有决策推理能力，是 iVCE 中支撑自主协同的主要单元。

iVCE 基于自主元素对互联网资源进行抽象封装，规避了互联网资源的异构性和多样性，将被动、静态资源抽象为自主、动态演化的自主元素，既反映资源本身的自治性，又很好地屏蔽了资源的多样性和动态成长性，实现对外提供透明一致的资源服务，有效支撑了 iVCE 的"按需聚合与自主协同"，体现了 iVCE 概念模型的设计原则。

2. 虚拟共同体

互联网资源的成长性，使得 iVCE 很难甚至不可能掌握系统所需的全部资源状况视图，只能面向任务需求，在局部中求最优，依靠局部信息动态聚合资源。为此，提出了虚拟共同体的概念。

虚拟共同体是指一组具有共同兴趣或目标、遵从相同原则和约束的自主元素所构成的集合。在 iVCE 中只有对特定任务目标有共同利益需求的自主元素，才会加入相关虚拟共同体。同一虚拟共同体中的各自主元素可以有不同的角色，承担不同的职责，如有的可能是资源的提供者，有的可能是资源的消费者，还有的可能是负责资源管理的协调者。虽然角色和职责不同，但同一虚拟共同体内的自主元素，能够聚合起来完成共同的任务，如关注存储资源共享的虚拟共同体，其内部自主元素都将围绕存储共享这一共同兴趣而发挥不同的作用。当然，一个自主元素有可能属于多个虚拟共同体。例如，在当前主流的云计算系统中，一个存储服务可以为多个应用提供服务，这里的不同应用可以抽象为不同的虚拟共同体，而存储服务可以建模为一个虚拟执行体，该虚拟执行体同时加入了多个虚拟共同体。

虚拟共同体可表示为一个三元组：VC = <AE, GOAL, RULE>。

（1）AE = {ae_1, ae_2, ···, ae_m}，定义了构成虚拟共同体的自主元素集合。

（2）GOAL = {g_1, g_2, ···, g_n}，描述了虚拟共同体的共同目标。

（3）RULE = {r_1, r_2, ···, r_k}，刻画了虚拟共同体中自主元素需遵循的共同约束和原则。

虚拟共同体具有资源元信息管理功能和相应的资源发布及发现机制，资源聚合根据任务需要，按照资源元信息的管理机制，在虚拟共同体内部进行。

虚拟共同体的范围和组成关系如图 2.2 所示。iVCE 中逻辑上会存在多个不同的虚拟共同体，每个虚拟共同体关注某一类特定资源的共享应用。参与虚拟共同体中的自主元素应在虚拟共同体的元信息管理设施中进行注册，以实现资源的聚合和共享。虚拟共同体是动态和开放的，开放性表现为虚拟共同体的边界不确定，自主元素可随时加入或退出某个虚拟共同体；动态性表现为虚拟共同体中各个自主元素所能提供的资源是不断变化的。

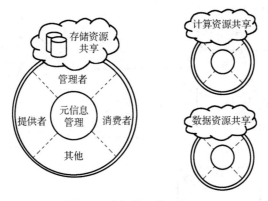

图 2.2 虚拟共同体示意图

虚拟共同体是对互联网环境下资源汇聚方式的一种抽象，它直观地反映了互联网资源的组织和管理模式，向应用提供了相对稳定的资源视图，有效支持 iVCE 按需聚合机制的设计和实现。

3. 虚拟执行体

在 iVCE 运行态，需要根据任务来选择和请求虚拟共同体中的若干自主元素的服务，实现自主元素与任务的动态绑定。一个任务可能需要虚拟共同体中的多个自主元素提供服务，而单个自主元素也可能同时参加多个任务，并为这些任务提供服务。为了有效支持任务的实现途径，需要对虚拟共同体中与特定任务相关的自主元素执行状态进行抽象、管理和协调。为此，提出了虚拟执行体的概念。

虚拟执行体是指虚拟共同体中协同承担同一任务执行的相关自主元素，为完成该任务而形成的状态空间的总和。它刻画了在虚拟执行体中为完成任务而参与的一组自主元素以及它们实施的行为、开展的协同、产生的状态变迁等。从建模角度，虚拟执行体是对虚拟共同体中一组自主元素间协同过程的抽象。它是 iVCE 的基本运行管理单位，是"执行进程虚拟化"的载体。虚拟执行体与虚拟共同体的任务执行紧密相关，可以获得绑定该任务的所有自主元素及其交互状态等管理信息。

一个虚拟共同体中关于任务（Task）的一个虚拟执行体可描述为该虚拟共同体中参与该 Task 执行的所有自主元素的状态（STATE）空间的序列，即

$$\mathrm{VE_{VC}(Task)} = T \rightarrow \mathrm{STATE_{VC}}$$

其中，$\mathrm{STATE_{VC}} = 2^{S_1 \times S_2 \times \cdots \times S_m}$，$S_i$ 表示虚拟共同体中自主元素 ae_i 的状态空间，T 是时刻序列，m 表示虚拟共同体中自主元素的数量。

虚拟执行体与自主元素间的关系如图 2.3 所示。虚拟执行体是对汇聚后的自主元素通过交互和协同完成任务的抽象。

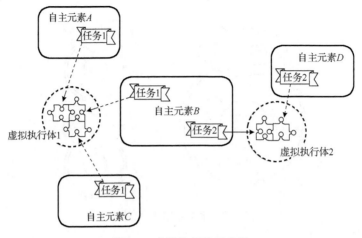

图 2.3　虚拟执行体示意图

2.1.3　概念间的关系

在 iVCE 概念模型中，资源、自主元素、虚拟共同体和虚拟执行体之间的相互关系如图 2.4 所示。

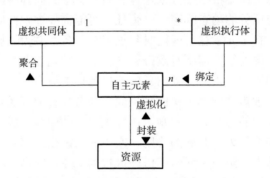

图 2.4　iVCE 基本概念之间的相互关系

（1）自主元素是对互联网资源的自主化抽象，一个自主元素可以封装和管理多个互联网资源，一个互联网资源也可以为多个自主元素所管理。

（2）虚拟共同体由一组自主元素来组成，它们遵循相同的约束和原则。一个自主元素可以加入多个不同的虚拟共同体中。

（3）在任务的执行过程中，虚拟共同体中的虚拟执行体绑定了虚拟共同体中的一组自主元素，并通过这些自主元素的行为和协同来完成任务。因此，虚拟共同体在不同时刻具有不同的虚拟执行体，这取决于在特定时刻虚拟共同体欲完成的任务。任何一个虚拟执行体都基于特定的虚拟共同体和相应的任务。

（4）资源聚合是基于资源的元信息发现自主元素并形成虚拟共同体的过程。iVCE

通过虚拟共同体形成面向任务、相对稳定的资源视图，为互联网资源的按需聚合提供基础服务。

（5）自主协同是根据应用任务需求，通过虚拟执行体绑定所聚合的自主元素，并通过它们之间的自主协同完成用户任务的过程。

2.2　体　系　结　构

iVCE 的体系结构是指导 iVCE 设计和实现的技术性框架，它建立在 iVCE 概念模型基础之上，定义了构成 iVCE 的基本要素、各个要素的组织层次、基本功能以及不同要素之间的相互关系。

iVCE 体系结构建立在 iVCE 概念模型的基础上，自主元素、虚拟共同体、虚拟执行体等概念模型，构成了 iVCE 体系结构的基本要素；按需聚合、自主协同机制定义了各要素之间的关联。iVCE 体系结构设计必须具有良好的层次性、可扩展性，并遵循如信息隐藏、高内聚、低耦合等设计原则。iVCE 的体系结构如图 2.5 所示。

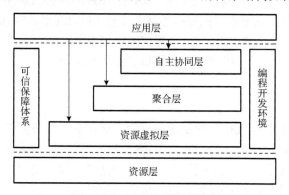

图 2.5　iVCE 技术框架示意图

2.2.1　资源层

资源层由网络基础设施中的各类实体资源组成。它们可以是硬件资源，如计算系统、存储系统、各类仪器设备等；也可以是软件资源，包括数据、应用程序和服务等。iVCE 基于虚拟化技术支持各种网络基础资源的接入、共享和协同。

2.2.2　资源虚拟层

资源虚拟层包含了一组基础服务用于创建和管理自主元素，这些服务负责将资源层中的资源封装为不同实现形态的自主元素，完成对资源层中实体资源的虚拟化。自主元素的功能可以相对简单，如仅是对单个存储部件的抽象；也可以十分复杂，如对功能强大、可提供存储服务的存储系统的抽象。无论自主元素的构成复杂还是简单，功能单一还是复杂，它们都是 iVCE 中虚拟化资源的基本单元，具有标准化的封装和自主行为决策能力。

为了完成对资源的抽象封装，实现资源的虚拟化和自主化，资源虚拟层必须提供以下一组关键技术：①异构资源的一致性描述和建模；②自主元素的体系结构设计，如自主元素内部状态描述、自主元素感知和执行机制设计等；③自主元素交互接口和协议；④自主元素生命周期管理等。

第 3 章将介绍资源虚拟化和自主化的实现机制。

2.2.3　聚合层

聚合层负责虚拟共同体的创建和管理，按照应用需求，对虚拟共同体内的自主元素进行有效的组织和聚合，形成相对稳定的资源空间和视图。例如，根据应用的具体情况，聚合一组自主元素，这些自主元素所提供的资源可以满足应用任务的资源需求。

iVCE 聚合层提供了多种基础服务，以支持面向应用需求的异构资源按需聚合。这些基础服务提供了以下一组关键技术：①自主元素静态和动态元信息的分析和提取技术；②可扩展的自主元素聚合机制；③自主元素元信息注册、信息发布和定位；④基于语义的自主元素搜索匹配；⑤虚拟资源空间模型及其时空一致性维护技术等。

第 4 章将介绍资源聚合层的一种可扩展资源组织机制。

2.2.4　自主协同层

自主协同层负责虚拟执行体的创建和管理，虚拟执行体根据任务需求动态绑定相关自主元素，通过这些自主元素间的自主协同来完成特定的任务。

为了实现面向应用任务的自主协同，自主协同层需要提供以下一组关键技术：①虚拟执行体的创建和管理，根据任务需求生成和管理虚拟执行体；②虚拟执行体的动态绑定技术，在运行时动态绑定自主元素；③虚拟执行体内自主元素间的自主交互和协同机制；④面向自主元素的服务组合与编排技术；⑤自主元素联合调度、分配和优化技术；⑥自主协同与演化的语义理论等。

第 5 章将介绍事件驱动的协同机制和协同激励机制。

2.2.5　可信保障体系

可信保障体系为 iVCE 资源按需聚合和自主协同的安全性、可依赖性和协同行为的可信性等提供保证，以创建一个安全可信的计算环境。

可信保障体系需提供以下一组关键技术：①虚拟共同体内部或之间的访问控制与授权代理机制；②自主元素的行为监视和异常检测技术；③高可用的服务质量保证机制；④虚拟共同体内部的信誉管理机制；⑤面向自主协同的激励机制等。

第 5 章将介绍信誉管理机制。

2.2.6　编程开发环境

编程开发环境主要为 iVCE 应用的开发和运行提供程序设计语言和相应的支撑环境，包括程序设计语言、可重用构件库、语言编辑器、语言编译器和运行平台等。

编程开发环境既提供对 iVCE 系统平台开发的支持，也提供对 iVCE 应用开发的支持。编程开发环境需提供以下一组关键技术：①iVCE 的软件体系结构技术；②基于模式的 iVCE 开发模型和技术；③支持 iVCE 设计的程序设计语言；④面向 iVCE 应用开发的支撑工具包和运行环境等。

第 6 章将介绍一种以 Agent 为基本构成单元的程序设计语言 CAOPLE（Caste-Centric Agent-Oriented Programming Language）。

2.2.7　应用层

应用层包括一组直接面向用户的互联网应用系统，这些应用系统建立在 iVCE 之上。iVCE 作为互联网应用系统的支撑环境，其作用类似于计算机上的操作系统。

2.3　与其他互联网计算模型的联系

iVCE 与近年来发展起来的网格计算、服务计算、对等计算、云计算等[3,4]概念、模型和实践有着密切的联系。这些计算模型研究（如机制、算法[5]、可信[6,7]等）以及由此而产生的复杂应用[8]为 iVCE 的研究提供了非常有价值的参照案例。iVCE 试图在此基础上为不断拓展的互联网应用和不断发展的互联网计算提供新的模型和共性使能技术。

2.3.1　网格计算

网格计算的研究始于通过互联网共享高性能计算资源的愿景[9-11]。在此研究过程中，一系列瓶颈问题制约了网格计算目标的实现。例如，跨组织的资源聚合，涉及开放、不确定环境下的大规模资源信息的发布与组织、资源按需动态获取与管理、协同行为的自主化与智能化，以及动态的服务组合和服务选择等方面问题；再如，在资源虚拟化方面仍难以实现大规模、大范围的资源聚合与协同。

这些问题为 iVCE 的研究提供了需求牵引。iVCE 从基础理论和核心机制入手，试图在相关挑战性问题上取得突破，从而突破网格计算的局限性，突破新型的互联网应用。

2.3.2　服务计算

服务计算旨在通过互联网发布和共享服务，其面向服务体系结构（Service Oriented Architecture，SOA）和相关技术标准推动了互联网计算技术的快速发展和广泛应用，其服务化封装和互操作标准为 iVCE 的研究提供了参考模型[12-14]。

与服务计算技术相比较，iVCE 更加关注互联网资源的自治性。iVCE 的自主元素不仅能够被动响应服务请求，而且具备通过感知环境和自身变化来自主提供服务的能力。这是服务计算目前还不具备的能力。

2.3.3　对等计算

对等（P2P）计算模式首先在互联网流媒体服务中取得成功，P2P 计算中的自组织资源发布与定位、资源共享激励与信任等一些关键技术[4,15]，对 iVCE 概念模型的形成提供了重要启发：在互联网计算中，自主协同不仅是可能的，而且能够产生超乎预期的效果。

但 P2P 计算通常针对某一个特定的应用需求展开相关具体技术的研究，对网络计算环境的通用体系结构等共性问题研究较少。

2.3.4　云计算

云计算以虚拟化技术为基础，以软件服务为手段，通过对基础设施、资源、平台等的自治管理，为前端用户提供透明服务，成为一种全新的互联网服务商业模式[16,17]。云计算的成功为 iVCE 的发展提供了新动力，也提出了新问题。

iVCE 与云计算均试图为用户提供和谐、可信、透明的服务，但是与云计算技术相比较，iVCE 更侧重于服务过程中相关服务对象以及为用户提供服务过程中的自主性，更加关注多个服务对象之间的交互和协同来完成服务目标。

2.4　本 章 小 结

互联网计算资源具有动态不确定性、自治不可控性和异构多尺度性等特点，在计算机系统中行之有效的资源管理模型和方法在互联网资源管理中不再有效，互联网资源的自然特性给资源有效共享和综合利用提出了新的挑战。iVCE 旨在探索新的资源有效共享和综合利用模式，提出新的概念模型以及按需聚合和自主协同机制，作为应对挑战的重要尝试。

本章首先介绍了以自主元素、虚拟共同体和虚拟执行体为核心的 iVCE 概念模型，其支持开放环境下资源的按需聚合和自主协同，力求为应用提供和谐、可信、透明的一体化服务。首先，用统一的自主元素概念来抽象表示不同粒度的异构资源（如数据、服务、终端、进程、虚拟机、服务器、服务集群、大规模数据中心，乃至整个互联网）。iVCE 中不同自主元素的体系结构是一致的，即感知-决策-执行的自主反馈控制结构，但是其内部组成部件可以采用不同的物化实现方式，自主元素采用适应性的方式[18]以支持弹性绑定；其次，用统一的虚拟共同体概念来抽象表示动态聚合的资源管理域或组织架构，虚拟共同体通常由若干自主元素组成，可以采用不同的协同交互和组织模式，支持多尺度资源弹性聚合；最后，用统一的虚拟执行体概念抽象表示虚拟共同体中自主元素的协作活动。iVCE 概念模型明确了"资源-虚拟化-自主元素""自主元素-聚合-虚拟共同体"和"自主元素-协同-虚拟执行体"等基本关系，构成了互联网计算统一的解空间，为多尺度资源的弹性管理奠定了基础。

接着介绍了 iVCE 体系结构的分层架构。一个完整的 iVCE 是由资源层、虚拟层、聚合层、自主协同层等构成的，并借助于可信保障体系和编程开发环境。与其他流行的网络计算模型相比，iVCE 概念模型和体系结构具有以下特色：

（1）适应互联网资源的自然特性，支持开放环境下互联网资源的按需聚合与自主协同。

（2）支持资源的"主体化"和"虚拟化"，以资源虚拟化封装和访问为切入点，借鉴多 Agent 系统的思想和方法[19,20]，突破传统资源集中管理机制和方法的局限性，以适应互联网资源的自治性和多样性特点。

（3）支持资源根据应用的不同需求进行汇聚，借鉴了自治计算的思想和方法[21,22]，允许自主元素根据环境和自身的变化动态地加入或退出虚拟共同体。

（4）支持资源根据应用任务灵活组合，绑定虚拟共同体中相关的自主元素，通过它们之间的交互和协同实现资源有效共享和综合利用。

参 考 文 献

[1] 卢锡城, 王怀民, 王戟. 虚拟计算环境 iVCE: 概念与体系结构. 中国科学 E 辑, 2006, 36(10): 1081-1099.

[2] 王怀民, 王意洁. 面向互联网的虚拟计算环境. 科技纵览, 2014, (10): 64-68.

[3] Lazowska E D, Patterson D A. An endless frontier postponed. Science, 2005, 308(5723): 757.

[4] Albert R, Barabasi A L. Statistical mechanics of complex networks. Reviews of Modern Physics, 2002, 74(1): 48-97.

[5] Feigenbaum J. Distributed algorithmic mechanism design: Recent results and future directions. Proceedings of the 6th International Workshop on Discrete Algorithms and Methods for Mobile Computing and Communications, New York, 2002: 1-13.

[6] Friedman B, Kahn Jr P H, Howe D C. Trust online. Communications of the ACM, 2000, 43(12): 34-40.

[7] Blaze M, Feigenbaum J, Lacy J. Decentralized trust management. Proceedings of IEEE Symposium on Security and Privacy, Oakland, 1996: 164-173.

[8] Sommerville I, Cliff D, Radu C, et al. Large-scale complex IT system. Communication of ACM, 2012, 55(7): 71-77.

[9] Foster I, Kesselman C, Tuecke S. The anatomy of the grid: Enabling scalable virtual organizations. International Journal of High Performance Computing Applications, 2001, 15(3): 200-222.

[10] Foster I, Kesselman C, Nick J, et al. Grid services for distributed system integration. Computer, 2002,

35(6): 37-46.

[11] Keahey K, Foster I. Virtual workspaces in the grid. 11th International Euro-Par Conference, Lisbon, 2005: 421-431.

[12] Humphrey M, Wasson G, Jackson K, et al. State and events for web services: A Comparison of five WS-Resource framework and WS-Notification implementations. Proceedings of 4th IEEE International Symposium on High Performance Distributed Computing, Research Triangle Park, 2005: 24-27.

[13] Papazoglou M P, Georgakopoulos D. Service-oriented computing. Communications of the ACM, 2003, 46(10): 25-28.

[14] Benatallah B, Dumas M, Fauvet M C, et al. Overview of some patterns for architecting and managing composite web services. ACM SIGecom Exchanges, 2002, 3(3): 9-16.

[15] Schoder D, Fischbach K. Peer-to-peer prospects. Communications of the ACM, 2003, 46(2): 27-29.

[16] Buyya R, Yeo C S, Venugopal S, et al. Cloud computing and emerging IT platforms: Vision, hype, and reality for delivering computing as the 5th utility. Future Generation Computer Systems, 2009, 25(6): 599-616.

[17] Armbrust M, Fox A, Griffithet R, et al. A view of cloud computing. Communications of the ACM, 2010, 53(4): 50-58.

[18] Lemos R D, Giese H, Müller H A, et al. Software engineering for self-adaptive systems: A second research roadmap. Proceedings of Software Engineering for Self-Adaptive Systems, 2011: 1-26.

[19] Wooldridge M, Jennings N R. Pitfalls of agent-oriented development. Proceedings of the Second International Conference on Autonomous Agents, Minneapolis, 1998: 385-391.

[20] Zambonelli F, Omicini A. Challenges and research directions in agent-oriented software engineering. Autonomous Agents and Multi-Agent Systems, 2004, 9(3): 253-283.

[21] Eze T O, Anthony R J, Walshaw C, et al. Autonomic computing in the first decade: Trends and direction. Proceedings of The Eighth International Conference on Autonomic and Autonomous Systems, 2012: 80-85.

[22] Kephart J O, David M C. The vision of autonomic computing. IEEE Computer Magazine, 2003, 36(1): 41-50.

第 3 章　资源虚拟化

在第 2 章中提到，自主元素是 iVCE 中的基本资源管理单位，iVCE 通过自主元素对互联网资源进行抽象和封装，有效适应了资源的多样性特点，使之能够对外提供透明一致的资源服务。自主元素从结构和方法上为实现互联网资源的按需聚合和自主协同奠定了基础。

自主元素只是一个概念模型，它有多种不同的实现方式。本章的思路是采用系统级虚拟化实现自主元素，也就是说，自主元素将以虚拟机作为主要载体。第 1 章已经阐述了虚拟化的基本概念，本章将分别介绍计算、内存和网络等资源在构成自主元素过程中的应用。

3.1　计算虚拟化

对于系统级虚拟化来说，首先要考虑的是如何将多个虚拟计算机的指令流整合到物理计算机上执行，也就是 CPU 资源的虚拟化，或者简称为计算虚拟化。后面所述的内存虚拟化和网络虚拟化，都可以看成计算虚拟化的延伸。

3.1.1　基本概念

在第 1 章中提到，系统级虚拟化所研究的对象是硬件抽象层的虚拟机，而运行在虚拟机上的软件是客户操作系统。在硬件抽象层虚拟机中执行的指令集，通常就是现实中存在的某种物理计算机的指令集。为了将虚拟机中正在执行的指令映射为其所在的物理主机（称为宿主机）上的指令，需要有一个负责指令映射的中间层，通常称为虚拟机监视器（Virtual Machine Monitor，VMM）或 Hypervisor。虚拟机监视器提供了一个物理计算机系统的抽象并为其上运行的客户操作系统提供硬件设备映射。对虚拟机监视器的权威定义是 Goldberg 等于 1974 年在 *Formal Requirements for Virtualizable Third Generation Architectures* 论文中提出的，按照这一定义，虚拟机监视器是能够为计算机系统创建高效、隔离的副本的软件。这些副本就是虚拟机。

根据虚拟机监视器在整个物理系统中的实现位置和方法的不同，Goldberg 定义了两种虚拟机监视器模型，即 Type I VMM 和 Type II VMM[1]。如图 3.1 所示，Type I VMM 直接运行在物理计算机系统上，它必须先于操作系统安装，然后在此虚拟机监视器创建的虚拟机上安装客户操作系统。由于 Type I VMM 可以直接操作硬件，所以通常具有较好的性能，如 IBM VM/370、VMware ESX Server、Xen、Denali 等均属于这样的虚拟机。同时，由于 Type I VMM 需要实现对整个物理计算机系统硬件设备的管理，所以通常都是以一个轻量级操作系统的形式实现。如图 3.2 所示，Type II VMM 则安装在宿主机的原有操作系统（称为宿主操作系统）之上，它通过宿主操作系统来管理和访问各类系统资源（如文件和各类 I/O 设备等），如 VMware Workstation、Parallel Workstation 等。

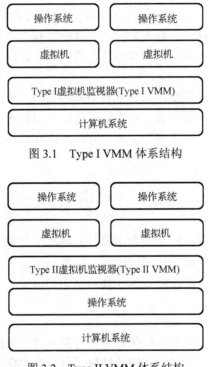

图 3.1　Type I VMM 体系结构

图 3.2　Type II VMM 体系结构

虚拟机监视器的主要作用是将虚拟机中执行的指令映射为宿主机上的指令，这一指令映射的效率，在很大程度上决定了虚拟化的整体性能优劣。目前市场上成熟应用的虚拟机产品中，虽然也存在虚拟机指令集和宿主机指令集不同的情况（如 Android SDK 中所带的 Android 模拟器，就是把 Android 系统中的 ARM（Advanced RISC Machines）指令集映射到宿主机的指令集），但对于大多数情况来说，虚拟机指令集都与宿主机指令集完全相同，虚拟机中的很多指令都可以直接在物理 CPU 上执行，而不需要虚拟机监视器的干预。需要干预的指令越少，虚拟机的效率越高，虚拟机系统也就更加高效、实用。

当然，即使虚拟机和宿主机采用相同的指令集，也不是所有指令都可以直接在物理 CPU 上执行。由于虚拟化的作用是从虚拟资源到物理资源的映射，并利用物理资源进行实际计算，当虚拟机中的指令需要直接访问系统资源时，仍然需要将其转换为对虚拟资源的访问，才能在物理 CPU 上执行，这一类涉及系统资源的指令称为敏感指令（sensitive instruction）。当虚拟机中的软件（通常是操作系统）通过敏感指令访问系统资源时，虚拟机监视器将接管其请求，并进行相应的模拟处理。为了使这种机制能够有效地工作，每条敏感指令的执行都需要产生自陷（trap）以使虚拟机监视器能够捕获该指令，进而进行相应的指令模拟执行。通过模拟敏感指令的执行，并返回处理结果给相应客户系统，虚拟机监视器实现了不同虚拟机的运行上下文保护与切换功能，从而能够虚拟出多个虚拟计算机系统，并保证了各个系统的有效隔离。

3.1.2　x86 虚拟化技术

一般来说，一项虚拟化技术如果能够尽量不损失系统性能，并且能够具备强大的整合能力，支持更多的操作系统，则通常认为这种技术是高效的。在这方面，IBM 的 PowerVM 技术较为领先。测试结果表明，在 IBM Power 750 上，PowerVM 的性能最多可以比基于 x86 服务器的 VMware 高出 65%。与非虚拟化环境相比，虚拟化的性能损失几乎可以忽略不计，而与之对比的 x86 服务器在虚拟化后，性能通常会有明显的下降。

为什么 x86 服务器在虚拟化的过程中会损失如此多的性能？实际上，由于传统的 x86 体系结构缺乏必要的硬件支持，通常被认为不是一种可虚拟化的架构，只能通过软件的方式去构造虚拟机监视器。那么，究竟什么是可虚拟化的架构呢？ Goldberg[1] 提出了一组称为虚拟化准则的充分条件，当一种指令集同时满足以下两个条件时，则认为执行这种指令集的 CPU 是可虚拟化的。

（1）指令集中包含了以下两种指令。

优先级指令：当 CPU 处于用户态时会产生自陷，而处于核心态时不自陷的指令。

敏感指令：试图改变系统资源配置的指令，或其行为或结果取决于资源配置状态（如重定位寄存器的内容或处理器所处模式）的指令。

（2）敏感指令是优先级指令的子集。

上述理论的实际意义是：如果虚拟机能运行在非最高特权级下，所有可能影响虚拟机监视器正常工作的指令（即敏感指令）都能够产生自陷，并将控制权移交给运行在最高特权级下的虚拟机监视器，就能够保证虚拟机监视器对系统资源的完全控制，同时，非特权指令又能够直接在物理 CPU 上执行。

不幸的是，传统的 x86 体系结构虽然在 PC 市场上占据了垄断地位，却不能满足 Popek 和 Goldberg 提出的可虚拟化条件。具体来说，在 x86 指令集中有 LGDT 等 17 条指令是敏感指令，却不是优先级指令，即这些指令在非最高特权级下也能正常工作，而不产生自陷。以 LGDT 指令为例，这条指令的作用是加载全局描述符表寄存器（Global Descriptor Table Register，GDTR），在物理 CPU 中只有一个 GDTR，而每个虚拟机的 CPU 中都有各自的 GDTR，其内容当然也各不相同。显然，当虚拟机执行 LGDT 指令时，必须由虚拟机监视器接管，并加载虚拟 CPU 的 GDTR，但由于 LGDT 指令

在执行时不会产生自陷，在虚拟机监视器不介入的情况下，加载的将会是物理 CPU 的
GDTR，从而导致虚拟机的运行结果不正确。

在传统的 x86 体系结构还没有发生变革之前，为了实现 x86 服务器的虚拟化，
不同的产品采取了各自的软件虚拟化实现技术。即使目前 x86 体系结构已经发生了
改变，出现了从硬件上满足可虚拟化条件的 x86 CPU，但由于并非所有 x86 CPU 都
标配这一特性（特别是一些低端的型号），软件虚拟化实现技术一直沿用至今。这里
可以大致地将这些技术分为指令仿真、全虚拟化、半虚拟化三类，下面分别对其进
行简单介绍。

（1）指令仿真（instruction emulation）。

典型的计算机系统由处理器、内存、总线、硬盘控制器、时钟、各种 I/O 设备组
成。指令仿真的实现方式是截获客户操作系统发出的所有指令，并把它们"翻译"成
宿主平台处理器的指令进行执行（包括处理器内部指令和 I/O 指令）。也就是说，虚拟
机监视器需要接管和控制每一条指令的执行，即使这些指令可以直接在物理 CPU 上执
行，也需要虚拟机监视器的介入。这样一来，相当于所有指令都被视为优先级指令，
敏感指令自然也就是优先级指令的子集，从而满足了可虚拟化条件。

指令仿真的优势在于实现原理相对比较简单，并且分离了操作系统和硬件平台的
紧绑定关系，实现了对虚拟机操作系统的完全透明，非常适用于操作系统开发，甚至
可以模拟不同指令集的 CPU。但由于所有指令都不能在物理 CPU 上直接执行，导致
仿真速度非常慢，甚至可能比非虚拟化环境慢 100 倍以上。

采用指令仿真技术的典型虚拟化产品包括 Bochs 和 QEMU[2]。Bochs 完整地模拟
了 x86 处理器、基本输入输出系统（Basic Input Output System，BIOS）以及其他 PC
设备的全部指令，虽然性能较弱，实际应用不多，但它也在某些方面有着重要的应用
价值，如在非 x86 平台上运行 Windows 系统，进行新开发的操作系统的调试工作，进
行老式 x86 系统的兼容性测试等。QEMU 则支持模拟 x86、ARM、PowerPC、SPARC
（Scalable Processor Architecture）等多种体系结构的指令集，它可以快速地把客户操
作系统的指令动态地翻译成本地指令，其基本思想是把每条指令分解成少量的简单指令，
每条简单指令由一段代码实现，通过动态代码生成器把这些简单指令的目标文件连接
起来，构建指定的功能。例如，Android 操作系统在其 SDK 中包含了一个模拟器，就
是基于 QEMU 实现的，这一模拟器也可以同时支持对 ARM 和 x86 CPU 的模拟。

（2）全虚拟化（full virtualization）。

采用预处理的方式，由虚拟机监视器在运行时对虚拟机中所包含的所有指令进行
扫描，找到其中的敏感指令，然后依据虚拟机监视器的状态进行指令转换，为每条敏
感指令建立对应的等价模拟代码，并修改敏感指令，使其执行过程能够跳转到等价模
拟代码处。这样一来，虽然敏感指令在执行时并不能产生自陷，但却能够直接跳转到
虚拟机监视器预设的模拟代码中，起到了与自陷—捕获—模拟这一过程相同的作用。
非敏感指令则不会被修改，仍然能够在物理 CPU 上直接执行。

　　全虚拟化的优势在于速度远远高于指令仿真，并且同样能够做到对虚拟机操作系统完全透明，因此，属于软件虚拟化中的主流技术。但是，全虚拟化的动态指令转换引擎非常复杂，如果扫描所有指令的过程进行得过于频繁，可能会影响性能，但如果扫描不及时，又可能导致部分敏感指令被漏掉。而且，不仅指令需要动态扫描和转换，内存和 I/O 的虚拟化同样存在不少麻烦，本书将在后面详细描述。

　　采用全虚拟化的典型产品包括 EMC 公司的 VMware ESX Server[3]、VMware Workstation，Oracle 公司的 VirtualBox 和 Microsoft 公司的 Virtual PC 等，由于其动态指令转换引擎的实现方面区别较大，性能上也存在较大差异，但基本做到了实用化，是目前市面上的主流虚拟化产品。

　　（3）半虚拟化（paravirtualization）。

　　与指令模拟和全虚拟化不同，半虚拟化技术放松了"对虚拟机操作系统透明"这一条约束，从而以较简单的实现方式，实现了较高性能的软件虚拟化。具体来说，半虚拟化技术通过人为地修改操作系统内核源代码，使敏感指令产生自陷。由于敏感指令在操作系统内核中所占的比例并不算太高，半虚拟化技术的人工修改代价并不太大。当然，半虚拟化只支持开放内核源代码的虚拟机操作系统，对于一些不开源的操作系统如 Windows，除非操作系统厂商愿意配合，否则不能在半虚拟化平台上运行。

　　半虚拟化技术最初由 Denali 和 Xen 项目在 x86 体系架构上实现。Denali 最先提出半虚拟化技术，Xen 则是由剑桥大学计算机实验室发起的开源虚拟机项目，它支持 x86-32、x86-64、IA64 等多种 Intel 处理器。Xen 的体系结构如图 3.3 所示[4]，其半虚拟化技术的主要实现思路是：对于内存分段管理的虚拟化，要求客户操作系统对硬件分段描述符的更新由 Xen 进行验证，这也就要求客户操作系统不能有高于 Xen 的特权级别和不允许访问 Xen 的保留地址空间；对于内存分页管理的虚拟化，要求客户操作系统可以直接读取硬件页表，但对页表的更新需要 Xen 进行验证和模拟处理，Xen 支持客户虚拟系统可以分布在不连续的物理内存上；而客户操作系统则只能运行在低于 Xen 的特权级别上，它还需要注册一个异常（exception）处理函数的描述符表以直接支持 Xen 的虚拟化，客户操作系统的硬件中断机制也将被 Xen 的事件（event）处理机制代替；每个客户操作系统都有自己的时钟接口，并且可以了解真实的时间和虚拟的时间。

　　在使用半虚拟化技术时，Xen 主要支持 Linux 操作系统。2013 年 4 月，Linux 基金会宣布 Xen 成为 Linux 基金会合作项目，这使得 Xen 和 Linux 的关系更为紧密。对于主要的 Linux 内核版本，Xen 都发布了相应的修改版本，在虚拟机中只能使用这些修改版本的 Linux 内核，甚至实际安装后不能对内核进行升级，否则可能会破坏 Xen 的功能。因此，Xen 对 Linux 功能的适应性比较差。

　　虽然存在上述缺点，但由于 Xen 的性能优越，仍然受到了业界的广泛关注，并在企业计算和计算机安全领域都得到了广泛的应用。

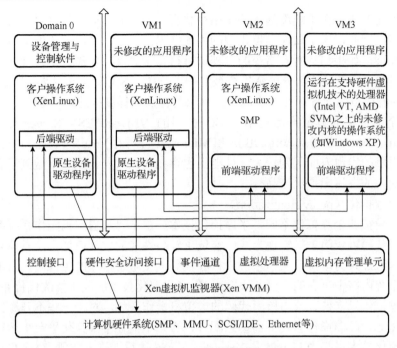

图 3.3　Xen 的体系结构

除了 Xen 以外,微软的 Hyper-V 所采用的技术和 Xen 类似,所以也可以把 Hyper-V 归属于半虚拟化。此外,德国 Karlsruhe 大学、澳大利亚新南威尔士大学和 IBM 的研究人员共同提出了预虚拟化(pre-virtualization)方法[5]。这种方法通过修改汇编器,将操作系统中的敏感指令在编译时静态替换为对虚拟层接口调用,实现了不需要修改源代码即可使客户操作系统支持半虚拟化。

综上所述,无论是指令仿真,全虚拟化还是半虚拟化,都有其特定的优势和劣势,如图 3.4 所示,指令仿真很难做到高性能,全虚拟化的实现方式过于复杂,半虚拟化不能做到对操作系统透明。

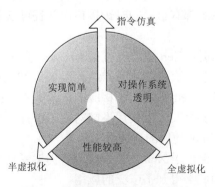

图 3.4　软件虚拟化实现技术比较

上述问题的根源在于：Intel 在传统的 x86 指令集设计中没有充分考虑到虚拟化的需求，x86 CPU 有 4 个特权级别，分别命名为 Ring0～Ring3，x86 平台上的操作系统一般只使用 Ring0 和 Ring3 这两个级别，操作系统运行在 Ring0 级，应用程序运行在 Ring3 级。为了支持虚拟化，虚拟机监视器必须运行在 Ring0 级，而虚拟机操作系统通常会降低其运行级别为 Ring1 级，这种特权级的改变，既要求 Ring3 级的应用程序能够在必要时陷入 Ring1 级的操作系统，又要求 Ring1 级的操作系统在必要时陷入 Ring0 级的虚拟机监视器，而传统的 x86 CPU 在优先级指令方面的控制粒度较弱，导致虚拟机监视器的设计者面临很多棘手的问题。

为了从根本上改变这一现状，从 2005 年开始，Intel 公司"将功补过"，扩展了 x86 处理器的架构，这项技术称为 VT-x[6]，AMD 公司也相继发布了基于 AMD x86 CPU 的 AMD-V 技术[7]。虽然 VT-x 和 AMD-V 的细节并不完全相同，彼此之间也互不兼容，但其基本原理都是一样的，即为虚拟机监视器增加新的特权级别，并且从硬件上确保在 Ring0 运行的虚拟机操作系统在执行敏感指令时，能够陷入虚拟机监视器，从而满足 Goldberg 等提出的可虚拟化条件。

下面以 VT-x 技术为例进行说明，如图 3.5 所示。VT-x 技术使 CPU 运行在两种不同的模式下，称为 VMX Root 模式和 VMX Non-Root 模式[8]。这两种模式都支持 Ring0～Ring3 的 4 个特权级。虚拟机操作系统及其应用程序运行在 VMX Non-Root 模式下，虚拟机监视器运行在 VMX Root 模式下。类似于传统 CPU 中陷入和陷出的概念，VMX Non-Root 模式和 VMX Root 模式也可能发生状态转换，从 Root 模式转换到 Non-Root 模式称为 VM Entry，反之则称为 VM Exit。与传统 x86 CPU 相比，支持 VT-x 的 CPU 在 Non-Root 模式下运行时，敏感指令的执行将会无条件地导致 VM Exit，而其他的指令、中断和异常是否触发 VM Exit，则可以由虚拟机监视器定制，虚拟机监视器只需要填写一个称为虚拟机控制结构（Virtual Machine Control Structure，VMCS）的数据结构，即可细粒度地控制 VM Exit 的触发时机，这种机制为虚拟机监视器解释执行这些指令和异常提供了有效支持。

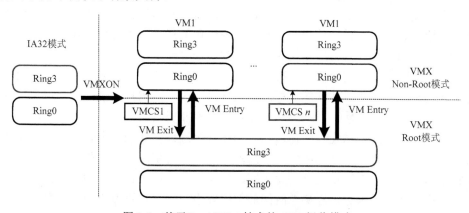

图 3.5 基于 Intel VT-x 技术的 CPU 操作模式

基于 VT-x 和 AMD-V 技术,出现了与软件虚拟化技术相对应的硬件辅助虚拟化技术,硬件辅助虚拟化技术不仅弥补了前面所述的三种软件虚拟化技术各自的不足,还能够在 32 位的 CPU 上创建 64 位的虚拟机。目前主流的虚拟化产品如 VMware ESX Server、VMware Workstation、VirtualBox 和 Xen 等都在已有的基础上增加了对硬件辅助虚拟化的支持,如 VirtualBox 可以根据 CPU 是否支持 VT-x 来选择采取软件虚拟化或者硬件辅助虚拟化技术,Xen 可以由用户选择采取半虚拟化或硬件辅助的全虚拟化等。另外,RedHat 还主持开发了完全基于硬件辅助虚拟化技术的开源虚拟化产品,称为 KVM(Kernel-based Virtual Machine),由于基于硬件辅助虚拟化技术的实现相对比较简单,KVM 的代码量还不到 Xen 的 1/10,但其功能并不比 Xen 弱,并且直接被 Linux 内核所集成,目前应用日趋广泛。

硬件辅助虚拟化不仅支持对计算的虚拟化,也支持对内存和 I/O 的虚拟化,本书将在后续章节陆续介绍。

3.1.3 虚拟机迁移技术

通过计算资源的虚拟化,能够初步实现自主元素的思想,即对异构的互联网资源的封装,以虚拟机的形式对外提供一致的服务。但是,做到这一点还不够,在面向互联网的虚拟计算环境中,计算任务和计算资源的绑定关系随时可能发生改变,需要在保持自主元素及其任务不变的情况下,动态切换自主元素和物理资源的绑定关系。虚拟机在线迁移技术在其中发挥了重要的作用。

通常来说,我们会关注虚拟机在线迁移技术的如下技术指标:

(1)透明性。对于虚拟机上运行的操作系统和应用软件来说,迁移的过程应该是透明的。也就是说,要求在迁移前后,所有程序都没有感知到迁移的发生,好像还在之前的环境中运行,底层硬件设施和系统软件的配置都没有发生任何改变,甚至网络连接都没有明显的中断,只是发生了一次重定向。

(2)服务质量影响。由于迁移的过程中需要复制和传输虚拟机的工作状态,不可避免地会消耗宿主机的 CPU、内存、存储、网络等多种资源,从而造成对虚拟机所占资源的争抢,影响到虚拟机的执行效率和对外服务的质量。虚拟机迁移技术需要尽量减少各种资源的消耗,将对虚拟机的影响降到最低。

(3)停机时间。不仅冷迁移需要停机,通常在线迁移技术也需要停机,但它的停机时间远远小于冷迁移,往往能够控制在几秒钟之内,对用户来说,虚拟机上运行的业务几乎没有中断。当然,学术界和工业界仍在不断努力,以进一步缩短停机时间。

(4)迁移总时间。从迁移操作启动,到迁移全过程完成的整个时间跨度称为迁移总时间。显然,只有当迁移完成后,之前占用的宿主机资源才能被释放。因此,虚拟机迁移技术也需要尽量缩短迁移的总时间,从而减少对宿主机资源的占用。

对于冷迁移技术来说,迁移总时间通常比较小,并且在不停机的时段里,对服务质量的影响也很小,但冷迁移的停机时间太久,视虚拟机状态的大小和网络传输的状况，可能会达到几分钟甚至几小时，从而影响了其适用范围。而在线迁移技术往往追求上述几个指标之间的平衡，实用性通常更高。

针对在线迁移技术的研究大多集中于以下几个问题：

（1）虚拟机内存状态的迁移。这是虚拟机迁移的核心技术，由于虚拟机的存储常常与宿主机分离，如采用存储附加网络（Network Attached Storage，NAS）或存储区域网络（Storage Area Network，SAN）等，因此，在虚拟机迁移的过程中通常不需要迁移外部存储的数据。而内存状态视虚拟机的配置可能达到数 GB 或数十 GB，这些数据必须通过网络传输到其他宿主机，从而造成了很大的开销。

（2）虚拟机存储状态的迁移。当采用外部存储时，虚拟机迁移的过程中对存储的处理相对会比较简单，但也有虚拟机的存储由宿主机承载，这时，虚拟机存储中的数据也需要迁移，因而会带来较大的开销、较长的停机时间和迁移总时间。有的研究工作针对这种情况进行研究。

（3）虚拟机网络状态的迁移。虚拟机网络状态的迁移对停机时间的影响不大，但往往会破坏迁移的透明性，因为迁移前后宿主机的网络环境可能会有比较大的变化，要维持虚拟机原有的网络配置通常比较困难。特别是当虚拟机在迁移时已经存在网络连接的时候，很难做到在迁移后仍然保持已有的连接不中断。

（4）虚拟机迁移目标的选择。如何自主地选择恰当的宿主机，作为虚拟机迁移的目标，是一个复杂的问题。不同的应用场景对于虚拟机迁移目标具有不同的选择依据。如果把虚拟机集中放置在少数的宿主机上，可以集约化配置，节省成本，反之，则可以充分保证虚拟机的资源配备。此外，还需要考虑迁移带来的开销及其对正常业务的影响等。

由于篇幅原因，本书重点介绍虚拟机在线迁移过程中最重要的内存状态迁移技术。根据内存状态转移的时机的不同，可以将内存迁移的算法分为"预拷贝"（pre-copying）、"后拷贝"（post-copying）和"懒惰拷贝"（lazy-copying）三种类型，其中最具代表性的是预拷贝算法。Xen 已经完整地实现了基于这种算法的虚拟机内存迁移，具体机制如下：

（1）迁移命令发出后，检查目标宿主机是否拥有足够的资源，如果资源充足，则执行预迁移（pre-migration）和资源预留过程。

（2）源宿主机和目标宿主机的虚拟机监视器开始协同执行预拷贝过程。将虚拟机的所有内存页面都发送到目标宿主机，并使用一个 Bitmap 来标示页面传输过程中被修改过的页面，称为"脏"页面。在页传输过程中，虚拟机保持继续运行状态。因此，一些已经发送了的页面会在虚拟机继续运行中被修改，这些被修改的页面会被自动标记为脏页面。

（3）传输会持续多轮，从第二轮开始，只有上一轮中被标为脏页面的部分才会被传输。在每轮传输之前，源宿主机的虚拟机监视器需要先把记录脏页面的 Bitmap 复制一份，然后清空 Bitmap 中所有已经被标示为脏页面的位，以便再次记录该轮拷贝中产生的脏页面。通过多轮传输之后，当采用某种启发式方法，确定后续要传输的脏页面已经很少，虚拟机的停机时间足够短的时候，传输才会结束。

（4）虚拟机在源宿主机上暂停，将最后一批脏页面和该时刻虚拟机 CPU 的状态发送到目标宿主机，作为最后的同步过程。此后，虚拟机在目标宿主机上的状态就和源宿主机完全一致了。

（5）最后，在目标宿主机上重建虚拟机的内存映射，包括改写客户操作系统的页表、分配新的内存页表地址。新的虚拟机将从旧的虚拟机的断点处开始恢复执行，重新启动其虚拟设备驱动程序并更新时钟，迁移过程结束。

这种内存到内存的同步算法通过多轮迭代来同步源宿主机和目标宿主机之间内存的变化数据，使得在迁移过程中的停机阶段，需要传输的内存数据降低到最少，从而大大减小了虚拟机停机时间，以同步最后一部分内存数据的网络传输时间。经测试，采用预拷贝算法进行虚拟机在线迁移，停机时间根据虚拟机内存配置大小的不同，通常为 60ms～1s，几乎不会影响到用户体验。

预拷贝算法的缺点是需要多轮重复地复制内存数据，当虚拟机的内存写操作非常频繁的时候，每轮复制后仍然会产生很多脏页面，需要很多轮之后才能趋于收敛，从而拉长了迁移的总时间。因此，有的研究工作提出了后拷贝算法，这种算法首先拷贝的是虚拟机 CPU 的状态和虚拟机能够恢复运行的最小内存工作集，然后源宿主机上的虚拟机立即停止执行，在目标宿主机上利用这个最小工作集开始运行，此后，源宿主机再传输最小工作集之外的其他页面，在此过程中，如果虚拟机中执行的某条指令访问到了尚未传输的内存页面，则会造成一个缺页中断，需要通知源宿主机立刻把该页面优先传输，以减少缺页中断消耗的时间。后拷贝算法不需要多轮迭代的过程，迁移总时间可以得到有效保证，但毕竟会造成较多的缺页中断，对虚拟机的服务质量影响较大。与后拷贝类似的是更为极端的懒惰拷贝算法，该算法同样先传输虚拟机的最小工作集，使目标宿主机上的虚拟机尽快开始运行，但对于剩余的内存数据，需要每发生一次缺页中断才传输一个页面，从而大大拉长了迁移的总时间。

综上所述，在实际应用中需要根据具体的需求进行选择，或通过启发式的策略，自主地选择最合适的迁移技术。

3.1.4　面向虚拟计算环境的应用

通过虚拟机技术，对互联网上的计算资源进行了封装和整合，屏蔽了资源的异构性，形成了统一的自主元素的模型，已经能够初步符合虚拟计算环境的需求。但是，为了在虚拟计算环境中实际应用虚拟机技术，本书还做了更多的工作。下面简要介绍这部分工作。

虚拟计算环境的资源来自互联网，用户也来自互联网，两者之间的关系是动态绑定的，当计算任务完成时，这种临时的绑定关系就会结束。因此，对于虚拟计算环境而言，有几个基本条件需要满足。

（1）计算任务运行在一个与宿主操作系统隔离的虚拟机系统中，从而既允许计算任务执行各类特权操作，又能够抵御恶意代码攻击，并防止针对硬件的破坏。

（2）计算任务与操作系统透明，现有操作系统与应用程序不需进行任何修改，即可直接部署该隔离机制，包括将隔离机制对运行环境造成的性能影响最小化，即在提高安全性的同时兼顾系统的可用性。

（3）运行环境的快速部署和快速清理。如果为了部署运行环境，还需要在虚拟机上安装新的操作系统，或复制整个计算机的软硬件系统，则开销太大，在虚拟计算环境中难以实际应用。

现有的硬件抽象层的虚拟机已经能够很好地满足隔离性的要求，并且，通过 x86 虚拟化技术，也做到了系统的透明性。而对于运行环境的快速部署和快速清理，一般的虚拟机产品中涉及较少。因此，本书提出了本地虚拟化技术，较好地解决了这一问题。本地虚拟化技术不需要在新创建的虚拟机中部署操作系统，而是在不破坏隔离性的前提下，直接把宿主机的操作系统所在磁盘卷映射为虚拟机的磁盘卷，从而使虚拟机能够共享宿主机上已安装的操作系统，大大减少了系统部署的时间开销。

本地虚拟化技术的关键在于实现基于卷快照的虚拟简单磁盘，因为虚拟机需要读写系统所在的磁盘卷，以采用宿主机上的操作系统映像去启动虚拟机操作系统。而此时宿主机的操作系统实际上已经启动，也有可能修改系统卷，虚拟机操作系统对数据的修改并没有使用宿主机操作系统提供的访问接口，两者的修改信息无法相互感知，这就造成操作系统关键文件的不一致，严重时将会导致系统的崩溃。

为了解决这个问题，本书设计和实现了基于卷快照的虚拟简单磁盘（virtual simple disk）技术。卷快照是在其创建时刻它所对应的原始卷的一致性副本，它提供了与文件系统标准卷相同的访问接口。而虚拟简单磁盘则是卷快照（必须包括系统卷的快照）与虚拟分区表的集合，它是将卷快照以存储设备的形式导出到虚拟机的实现方式。此外，在将卷快照导出到虚拟机前，用户可以安全删除不允许在虚拟机操作系统中访问的目录、文件等敏感数据，以确保宿主机数据的隐私性。卷快照的一致性是通过写时复制（Copy-on-Write，COW）技术保存差异数据来保证的，即在原始卷的数据被修改前，复制该数据到特定的存储空间。下面称此存储区域为快照区域。利用这种机制，宿主机操作系统修改的是原始卷，而虚拟机操作系统修改的则是卷快照，因此解决了与宿主机操作系统间由于写操作导致的数据不一致问题。

从实现的角度，创建整个磁盘的快照比导出卷快照的方式更加直观。但是对于虚拟计算环境来说，组合卷快照的虚拟简单磁盘有更多优势。

（1）便于配置导出的卷：如果直接使用磁盘快照，则该磁盘内所有的卷均会被导出到虚拟机中，这往往违背了用户的安全性和可配置性的需求。而通过配置虚拟简单磁盘，只有用户明确需要导出的卷才能在虚拟机中访问。

（2）卷格式透明：目前广泛应用的操作系统均支持多种卷格式，如单分区卷与多分区卷等，多分区卷包括镜像卷（mirror volume）、RAID-0 卷和 RAID-5 卷等。因此如果直接导出磁盘快照，那么若该磁盘内含有多分区卷，则也必须导出该卷依赖的所有磁盘。但是以卷快照为导出的基本单位则避免了这个问题。

（3）便于操作快照数据：卷是文件系统加载的基本单位，通过加载卷快照，用户可以方便直观地访问快照数据。

本书在 Windows 操作系统中实现了卷快照的功能，基本的实现方式如图 3.6 所示。图中描述了安装卷快照驱动后的 Windows 设备驱动栈。卷快照驱动在 Windows 设备对象栈中位于其对应的原始卷的顶端，因此它能够有效地拦截写原始卷的请求并执行 COW 操作。该驱动创建了两类设备对象：一类是加载在原始卷设备对象（original volume device object）之上，负责执行 COW 操作的卷过滤设备对象（volume filter device object）；另一类是卷快照设备对象（snapshot volume device object），它负责向文件系统提供标准卷的访问接口，以便于被文件系统加载后用户可以访问快照数据，写快照的数据则被重定向到快照区域。

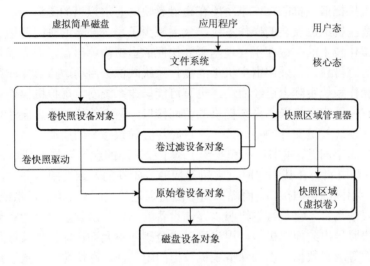

图 3.6　卷快照驱动体系结构

从理论上说，任何文件应该均能作为快照空间使用，用来保存差异数据。但是，在 Windows 操作系统中，如果直接使用文件系统（包括 NTFS 和 FAT32）中的文件做快照空间，在创建快照并发生多次写原始卷操作后会发生系统死锁现象。通过利用内核调试工具调试和逆向工程，发现是 Windows 的文件系统导致了整个系统的死锁。由于卷快照驱动在完成 I/O 请求包（I/O Request Package，IRP）前，需要创建新的写 IRP 并完成它，而 Windows 文件系统驱动内部使用了全局锁，从而导致大量写原始卷 IRP 无法完成。

为了解决这个问题，需要能够绕过文件系统直接写快照空间。后面将会描述的虚拟存储技术能够提供网络化的独立存储，而并不需要操作系统的文件系统接口。因此，本书在实现过程中使用了虚拟存储技术，解决了直接使用文件作为快照空间而导致的系统死锁问题。

除此之外，本地虚拟化技术的实现还需要解决软件服务的不兼容问题。由于虚拟机是直接利用宿主机操作系统映像启动的，所以，所有宿主机操作系统中启用的系统服务和开机自动运行的软件都将在虚拟机启动时运行。而由于虚拟机与宿主机存在硬件环境的差异，依赖于硬件系统的系统服务可能会导致虚拟机启动时挂起甚至崩溃。为了解决这个问题，这里引入了隐式进程标识技术，在虚拟层标识客户操作系统中的进程（包括当前进程），而不需要依赖于任何操作系统 API。基于此技术，实现了操作系统动态迁移管理器，首先确定导致虚拟机操作系统挂起或崩溃的进程，进而将这些信息自动记录到不兼容服务数据库。此后，在启动虚拟机前，操作系统动态迁移管理器将在虚拟机操作系统中自动禁用所有不兼容服务数据库中的服务。

图 3.7 为采用本地虚拟化技术的虚拟机运行时的屏幕截图，Windows 桌面上标题为 Virtual Execution Environment 的窗口就是一个运行的虚拟机，该虚拟机内还运行着 Windows 资源管理器、Word 2007 和 MSN Messenger。由于虚拟机中运行的 Windows 操作系统的屏幕分辨率为 800×600 像素，所以它的桌面图标的布局与宿主机中的 Windows 有所不同。

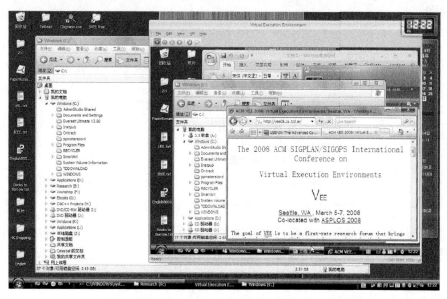

图 3.7　采用本地虚拟化技术的虚拟机运行效果

3.2　内存虚拟化

计算和内存是密不可分的，前面在介绍计算虚拟化的时候，也涉及了一些与内存相关的问题，如虚拟机监视器对访存指令的处理等。本节首先介绍虚拟机中内存地址转换的基本概念，再结合虚拟计算环境的需求，介绍包含多个虚拟机的环境中对内存集约化管理的技术。

3.2.1　基本概念

内存管理是操作系统中最重要的模块之一，现代的操作系统都会在硬件的配合下，实现虚拟内存的功能。即每个进程都有独立、隔离的内存地址空间，而在实际访问时，再将虚拟地址翻译为物理地址。地址翻译是由 CPU 中内置的内存管理单元（Memory Management Unit，MMU）完成的，实际上相当于一个查表的过程，这个表通常称为页表。页表也保存在物理内存中，其物理地址通常由某个控制寄存器指定。不同 CPU 的内存地址映射机制基本相同，但细节设计上仍有差异，如 64 位的 x86 CPU采用称为 CR3 的控制寄存器指定页表的基地址，页表共分四级，需要查四次表才能够完成一次从虚拟地址到物理地址的映射，如图 3.8 所示。为了加速这一过程，一方面会把内存组织成 4KB 大小的页面，一个内存页中的所有地址的映射都是完全相同的；另一方面，MMU 中包含了地址转换旁路缓存（Translation Lookaside Buffer，TLB）或"快表"，以缓存最近使用过的虚拟地址到物理地址的映射，当 TLB 命中时不需要查表[9]。

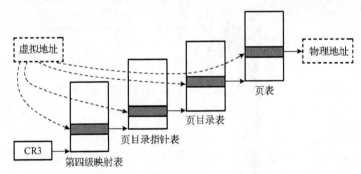

图 3.8　x86 CPU（64 位）的虚拟地址到物理地址映射

虚拟地址到物理地址的转换虽然降低了访存的效率，但具有诸多的好处，如在多进程的操作系统中，每个进程都可以按照自己的虚拟地址空间去组织内存，而不需要考虑与其他进程冲突的问题；而且，在物理内存中经过多次分配而形成的零散的"碎片"，在虚拟内存中可以是连续的，从而提高了内存利用的效率。

一般的操作系统中存在虚拟地址和物理地址的概念，在虚拟机操作系统中，自然也会按照虚拟地址和物理地址的方式管理内存。但是，这里的"物理地址"仍然是虚拟的概念，因为实际的内存硬件是被多个虚拟机所共享的，每个虚拟机所看到的"物理内存"，实际上只是宿主机的内存的一部分，并且，在虚拟机看来地址连续的"物理内存"，映射到宿主机上也可能是不连续的，如图 3.9 所示，实际上在虚拟化系统中，内存分为虚拟机虚拟内存、虚拟机物理内存和宿主机物理内存三种，每种内存都是独立编址的。虚拟机中的某个应用程序进行一次访存，需要经过两次地址映射，才能够计算出所对应的宿主机中的某个内存页。

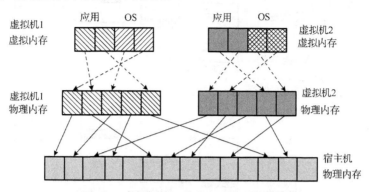

图 3.9　虚拟机的三种内存及其映射关系

为了区别这三种不同的内存及其地址，不同的研究工作为它们起了不同的名字。本书中把虚拟机中的虚拟地址简称为 VA（Virtual Address），把虚拟机中的物理地址简称为 GPA（Guest Physical Address），把宿主机中的物理地址简称为 HPA（Host Physical Address）。在虚拟化环境中，虚拟机操作系统需要完成从 VA 到 GPA 的映射，而虚拟机监视器需要完成从 GPA 到 HPA 的映射，如何使这两次映射的过程尽可能高效，是影响虚拟机性能的主要因素，也是虚拟机产品在设计与实现中的关键问题之一。

显然，如果虚拟机的每条涉及内存访问的指令在执行时都会产生自陷，并由虚拟机监视器将其中的 GPA 修改为 HPA 后，再实现具体的指令操作，即可完成从 GPA 到 HPA 的映射。但是，一般的软件中都会有大量的访存指令，如果每次都需要虚拟机监视器介入，效率将低得无法接受。目前常用的方法通常都会尽量减少自陷和虚拟机监视器的介入，下面以 x86 虚拟化产品中应用较多的两种技术，即基于软件实现的影子页表和基于硬件实现的扩展页表为例，说明从 VA 到 GPA、从 GPA 到 HPA 的两次映射的处理方法。

1. 影子页表

影子页表技术的主要思想是设置两套结构相似、内容不同的页表，一套称为虚拟机页表，从 VA 映射到 GPA，展现给虚拟机操作系统；另一套称为影子页表，从 VA 直接映射到 HPA，用于实际的地址映射，如图 3.10 所示。当虚拟机执行到某个访存指令时，不需要虚拟机监视器介入，这个指令及其包含的虚拟地址直接到达 MMU，而由于虚拟机监视器已经通过修改 CR3 控制寄存器，把影子页表设为 MMU 所使用的页表，因此，MMU 计算得到的物理地址就是 HPA，而不是 GPA。这种方法使得虚拟机中访存指令的执行速度和物理机中的执行速度完全相同，也就保证了系统的整体性能。

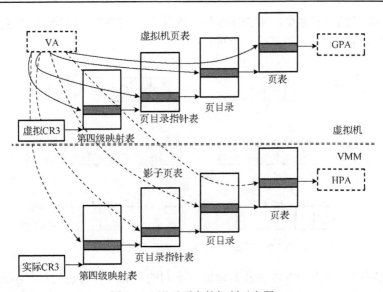

图 3.10　影子页表的机制示意图

影子页表虽然在访存时性能较好，但维护的代价和复杂度都相对较高。因为操作系统也会对页表进行更新，而虚拟机中的操作系统并不能感知到 HPA，只能根据 GPA 去更新页表内容，如果不进行必要的处理，让虚拟机操作系统修改了影子页表，就会破坏影子页表中从 VA 到 HPA 的映射关系。因此，虚拟机监视器必须进行适当的设置，使操作系统在更新页表时发生自陷，把虚拟机页表交给操作系统进行修改。并且，每当操作系统修改完页表之后，虚拟机监视器还必须根据操作系统的修改内容，对应地修改影子页表，使影子页表中 VA 到 HPA 的映射关系和虚拟机页表中 VA 到 GPA 的映射关系保持完全一致。此外，操作系统通常会为每个进程设立一套页表，在进程切换的时候，也会相应地切换当前所使用的页表，此时，虚拟机监视器也必须为每个进程维护一套影子页表，并在进程切换的时候，切换对应的影子页表。不仅页表的数量增加了一倍，占用了更多的内存资源，而且，虚拟机监视器维护影子页表的这些操作，也都是需要耗费 CPU 时间的，维护越频繁，对系统的性能影响就越大。

在 x86 CPU 中，当虚拟机操作系统修改页表后，通常会执行一条 INVLPG 指令，以刷新 TLB，使修改后的页表生效；同时，虚拟机操作系统在切换进程的时候，通常也会执行一条修改 CR3 寄存器的指令，使页表发生切换。因此，只需要把这些指令设为优先级指令，在执行到这些指令的时候就会产生自陷，使虚拟机监视器能够获得系统控制权，并相应地修改影子页表，或切换影子页表的操作。尽管如此，除非使用半虚拟化技术，使虚拟机操作系统能够感知到虚拟机监视器的存在，并在进行页表相关的操作时通知虚拟机监视器。否则由于不同的操作系统在内存管理方面的实现各有不同，虚拟机监视器仍然有可能漏掉一部分虚拟机操作系统对页表的维护，而没有及时地进行相应的影子页表维护。在这种情况下，访存时可能会发生缺页异常，虚拟机监视器需要捕获这些异常，进行最后的补救。但缺页异常在一般的操作系统中也会频繁发生，并不全都是因为影子页表的不同步而造成的。所以，虚拟机监视器还需要对每个缺页异常的成因进行具体的分析，如果是影子页表造成的，需要更新影子页表，从而完成这个异常；如果是虚拟机操作系统引起的，还需要把这个异常再次注入虚拟机中，由虚拟机操作系统进行相应的处理。

综上所述，影子页表虽然在访存时效率较高，但维护的代价也很高，并且复杂度极大，难以实现。而下面将要介绍的扩展页表技术，则具有完全不同的特点。

2. 扩展页表

从 2005 年开始，为了弥补 x86 CPU 在虚拟化方面的先天不足，Intel 公司和 AMD 公司相继推出了 VT-x 和 AMD-V 技术。实际上，与此同时，这两家公司还提出了相应的硬件辅助内存虚拟化技术，Intel 称它为扩展页表（Extended Page Table，EPT）技术，AMD 称它为嵌套页表（Nested Page Table，NPT）技术。两者大同小异，本书仅以 EPT 为例讲述。注意 EPT 和 VT-x 并无包含关系，有的 Intel CPU 从成本和定位方面考虑，支持 VT-x 而不支持 EPT[6]。

扩展页表的基本思想比较简单：既然现有的 CPU 已经从硬件上支持了从虚拟地址到物理地址的地址映射，也就是说，访存指令中指定的是虚拟地址，而 CPU 能够在执行时自动查页表，确定其对应的物理地址。那么只需要把 CPU 查页表的机制进行扩展，使 CPU 能够在虚拟化环境中执行访存指令时，自动查两次页表，一次完成从 VA 到 GPA 的映射，另一次完成 GPA 到 HPA 的映射，即可满足对虚拟机透明的基本需求，并且硬件查表的性能也能够得到充分保证，如图 3.11 所示。

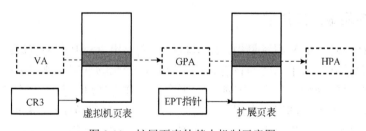

图 3.11　扩展页表的基本机制示意图

当然，图 3.11 只是表示了 EPT 的基本原理，实际情况会更复杂一些。在 64 位的 x86 CPU 中，仅从虚拟地址到物理地址的映射，就需要查四级页表才能完成。而由于页表本身也保存在内存中，查页表也相当于对物理内存的一次访问。所以，为了执行一条访存指令，共需要访问五次物理内存，其中前四次都是在查表，第五次才真正完成访存指令。在虚拟化环境中，情况会变得更复杂。因为这五次访问物理内存，实际上访问的都是虚拟机的物理内存，而每次访问都需要经过 EPT，映射到宿主机的物理内存。每次由 EPT 完成的从 GPA 到 HPA 的映射，也和查页表一样，需要查四次表。

这样一来，虚拟机中的一条访存指令，需要经过 25 次对宿主机物理内存的访问才能完成，如图 3.12 所示。

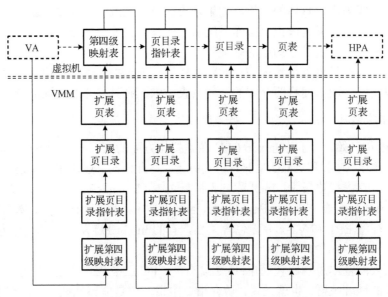

图 3.12　x86 CPU（64 位）采用扩展页表后的地址映射过程

虽然这些查表的过程都是硬件自动完成的，并且也有 TLB 进一步对查表的结果进行缓存，但扩展页表的优势仅在于虚拟机监视器的实现相对比较简单，与影子页表相比，省去了很多同步两份页表的开销，而其访存性能实际上比影子页表更低[10]。

3.2.2　内存超量提交技术

在虚拟计算环境的应用场景中，虚拟机技术主要用于对互联网资源进行划分和封装，形成相对独立、易于调度的自主元素。因此，一台物理服务器可能会被分为多个虚拟机，彼此之间既相互独立，又能够实现资源的弹性调度。弹性调度的含义是指在通常情况下，虚拟机上部署的应用并不会完全消耗为其配置的所有资源，并且，其资源占用率也会随时间的推移而产生波动。因此，可以在一台物理服务器上构建资源总和超过实际数额的多个虚拟机，并根据各虚拟机的实际使用状况进行资源的动态调度，又称弹性调度。

弹性调度的关键是资源的过量提交（overcommit），也就是为虚拟机提供超出物理机实际资源总量的虚拟资源。本节主要介绍虚拟机中的内存过量提交技术。

一般的 32 位桌面操作系统同时运行的进程至少有几十个，每个进程都有 4GB 的虚拟内存空间，也就是最大可以使用 4GB 的内存，而目前的桌面计算机很少有配置超过 16GB 内存的。因此，操作系统中早已实现了内存的过量提交。内存过量提交的关键源于两方面的因素。

（1）有虚拟地址和物理地址的概念，并且有 MMU 硬件，能够自动完成从虚拟地址到物理地址的映射。这就使得应用程序视图和物理视图之间被解耦了，构成了过量提交的先期条件。

（2）在应用程序视图中存在操作系统的概念，有明确的操作系统接口，能够在需要使用内存时提出申请，在不需要使用时释放内存。这就使得应用程序和操作系统间有明确的约定，操作系统了解应用程序的实际内存使用量，以便进行弹性调度。

然而，上述因素在虚拟机和虚拟机监视器之间有所变化。虚拟机使用的物理地址 GPA 和虚拟机监视器使用的物理地址 HPA 是分离的，并且有扩展页表等硬件能够自动完成从 GPA 到 HPA 的地址映射。但在操作系统的视图中，并不存在虚拟机监视器的概念，也无法申请和释放内存。实际上，一般的操作系统会认为其视图中的所有物理内存都是独占的，并且会采用某种数据结构统一纳入管理，即使应用程序尚未使用，也会将其用作磁盘缓存。因此，不仅虚拟机监视器难以获知虚拟机中究竟有哪些内存页是被应用程序所使用的，虚拟机操作系统也并不感知虚拟机监视器和同一个宿主机上其他虚拟机的存在。这种虚拟机监视器和虚拟机操作系统之间彼此互不相通的现象称为语义鸿沟（semantic gap），为内存资源的弹性调度和过量提交带来了困难。

语言鸿沟的关键问题在于虚拟机操作系统知道虚拟机中哪些内存是未被应用程序所占用的，而虚拟机监视器并不知道，因此，无法把这些未使用的内存回收回来，供其他虚拟机使用。为了解决这一问题，学术界和工业界提出并实现了多种方法，也得到了一定程度的应用。总的来说，这些方法沿着三条不同的思路展开：①在虚拟机操作系统中插入外部模块，迫使其腾出部分内存；②借用虚拟机操作系统现有的机制，使之能够腾出部分内存；③改造虚拟机操作系统，使之能够主动把未使用的内存交给虚拟机监视器。这三种思路的代表性工作分别称为内存气球、超级内存和内存热插拔。下面分别简要介绍。

1. 内存气球

内存气球技术是本领域最经典的工作之一，已经广泛地应用到主流的虚拟化产品中[3]。该方法的核心思想是在虚拟机操作系统中安装一个特殊的程序，该程序会根据虚拟机监视器发出的命令，向虚拟机操作系统申请一块物理内存，并占据住这部分物理内存空间。由于这部分物理内存实际上并不会被任何程序所使用，所以虚拟机监视器通过查表得出这部分内存的 GPA 所对应的 HPA 时，就可以解除 GPA 到 HPA 的映射，并把相应的宿主机物理内存分配给其他虚拟机使用，相当于实现了虚拟机内存的回收；反之，也可以实现已回收内存的再分配。更有意义的是，由于这个特殊的程序能够根据虚拟机监视器的命令，动态地增加或减少所占据的内存空间，当同一宿主机上的每个虚拟机都安装了这个程序的时候，虚拟机监视器就可以根据需要，向一部分虚拟机回收内存，然后利用回收的内存，实现对另一部分虚拟机的再分配，从而使各个虚拟机的内存总量超过宿主机的实际物理内存配置，仅通过内存的调度，分时地满足各个虚拟机的需求。在虚拟机中安装的这个特殊的程序，由于可以动态扩大或缩小所占据的内存区域，所以被形象地称为"气球"。"气球"膨胀可以回收内存，"气球"收缩则可以再分配已回收的内存，这一工作过程如图 3.13 所示。

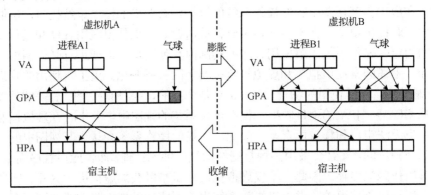

图 3.13　内存气球及其膨胀和收缩的过程

气球程序需要在操作系统启动后才能启动并发挥作用，因此，如果在一台物理机上同时启动多个虚拟机，仍然可能由于虚拟机的内存总量太大，而气球程序尚未生效，导致出现问题。因此，在 Xen 中实现了一项称为按需分配（Populate on Demand，PoD）的技术，其主要思想是：在操作系统启动的过程中，内存的使用率还不高，很多内存页都还没有建立起 VA 到 GPA 的映射，因此，也可以暂时不建立 GPA 到 HPA 的映射。当操作系统启动后，虽然 VA 到 GPA 的映射开始逐渐建立起来了，需要同步建立到 HPA 的映射了，但气球程序也已经启动并开始发挥作用，因此，自始至终总能保持一部分内存被虚拟机监视器"扣留"，并使得所有虚拟机的内存总量大于宿主机的实际配置。PoD 技术可以看成内存气球的补充，当气球程序启动后，PoD 也就不再工作。

内存气球技术之所以应用广泛，是因为它巧妙地利用了操作系统的内存管理机制，实现简单，而操作粒度也比较细。但是，毕竟需要向虚拟机操作系统中插入一个程序，不能做到对虚拟机完全透明，或多或少地会影响到这项技术的适用场合。并且，气球的膨胀和收缩取决于虚拟机操作系统的响应速度，如果操作系统的内存管理策略配合不好，仍然可能出现内存调度暂时失效的情况。另外，一旦虚拟机启动之后，物理内存大小就确定下来了，此后只能被气球程序回收，而不能补充到超过初始内存大小的程度，存在伸缩范围有限的缺点。

2. 超级内存

超级内存是 Oracle 公司的研究小组于 2009 年开始研究的一项技术[11]。它的核心思想是通过修改 Linux 内核的源码，使操作系统能够感知到虚拟机监视器的存在，从而消除语义鸿沟。经过修改源码后，每个虚拟机操作系统都可以抽出一部分未使用的内存，通过自定义的特殊接口交给虚拟机监视器，从而在物理机上构建一个内存池。

当某个虚拟机忽然有大量数据需要保存,而内存不足时,也可以通过特殊接口,把这些数据保存到内存池中。根据数据保存需求的不同,内存池中的数据可以是持久的,也可以是易失的,后者的作用类似于 Cache,当内存池也不够用时,能够主动放弃一部分久未访问的数据,以换取整体的效率优化。更进一步的研究还可以对内存池中的数据进行压缩,或者通过网络迁移各个物理机的内存池中的数据,以达到更好的内存使用效率。

类似于前面所提到的半虚拟化技术,超级内存的优势是虚拟机操作系统和虚拟机监视器所维护的内存池之间配合较好,能够达到较优的性能;劣势是必须修改操作系统内核源码,实用程度受限,即使这项技术已经被整合到了最新版本的 Linux 内核中,仍然有很多使用其他操作系统的用户无法利用这项技术,或者因为其他考虑,在内核中关闭了这项技术。

3. 内存热插拔

内存热插拔技术本身并不是为了虚拟化而设计的。该技术类似于 PCI 设备上的即插即用技术,主要针对物理服务器动态扩容的需求,希望能在服务器不关机的情况下,在空闲的插槽中插入新的内存硬件,并立即被操作系统所识别和使用[12]。同时,也可以动态拔出现有的内存硬件,以实现不关机情况下的硬件升级。显然,这项技术需要物理硬件和操作系统内核的同时支持,物理设备必须在插入新的内存时向操作系统发出通知,支持内存热插拔的操作系统在接到通知后,完成对新加入物理内存的初始化等工作。在进行热拔出操作之前,也需要操作系统对物理内存进行一次整理,腾出一块连续的空闲区域,并把这块空闲区域置于要拔出的内存硬件上。

目前主流的服务器操作系统,如高版本的 Linux 和 Windows Server,都已经支持了内存热插拔的功能。因此,在虚拟化环境中,也可以利用操作系统现有的机制,在虚拟硬件上模拟内存热插拔的操作,以实现虚拟机内存的动态回收或分配。与内存气球相比,不仅可以回收虚拟机的内存,还可以向虚拟机补充物理内存,并且这些过程都是直接被虚拟机操作系统支持的,对虚拟机用户完全透明。

内存热插拔的缺点主要在于依赖特定版本的操作系统,如果操作系统不支持,就无计可施。另外,内存热插拔对插入和拔出的内存大小是有规定的,需要以段为单位进行增减,通常是以 32MB 或 64MB 为一个段,调度的粒度比内存气球粗得多。

前面提到的三种技术都是调整虚拟机可用内存的手段,为了实现多虚拟机之间的内存分配,还需要有相应的动态调度策略[13,14]。内存调度的目标是既能保证各虚拟机的服务质量,又能通过内存的分时复用,提高宿主机上同时运行的虚拟机的数量。目前常见的内存动态调度策略大致可分为基于关键数据的自治调度、基于应用反馈的动态调度和基于建模评估的动态调度等[15]。自治调度通过客户操作系统的 API 获取提交内存的大小,预估虚拟机将来对内存资源的使用情况,然后调整气球驱动,确保客户操作系统所剩余的内存恰好满足将来使用,但这种比较激进的资源回收策略往往在内存使用高峰时不能及时补充。基于应用反馈和建模评估的调度策略则通过统计各虚拟机中正常访存和换页的比例等信息，判断各虚拟机的内存使用模式，并根据多种指标全面评测虚拟机的服务质量，按照控制论的思想在多个虚拟机之间分配内存。当然，虚拟计算环境面向的是互联网上的广泛用户，需求也各有不同，统一的调度策略很难适应所有的情况。很多相关的研究工作都会根据不同应用的特点，有针对性地进行改进。

3.2.3　内存主动回收技术

在虚拟计算环境的应用场景中，通常会在一台物理机上运行多个虚拟机，而这些虚拟机分别隶属于不同的用户。这时，虚拟机监视器可以使用 3.2.2 节介绍的内存超量提交技术，迫使虚拟机操作系统放弃一部分暂未使用的内存，从而作为他用。然而，这是一种被动的方法，效果是否理想，取决于虚拟机操作系统是否配合。实际上，虚拟机监视器还往往会采用一些主动回收技术，在不需要虚拟机操作系统参与的情况下，也能回收到一定量的内存，使得内存超量提交的效果更好。常见的虚拟机内存主动回收技术包括基于内容的页共享和宿主换页技术。

虽然不同的虚拟机有不同的用途，但其中运行的操作系统和应用软件却常常具有相似性。特别是目前的很多虚拟机管理平台并不支持由用户自行安装操作系统，而只能选择 Windows 2008、RedHat Linux 等为数不多的系统模板，再在其基础上进行定制。在虚拟机中运行的应用软件也往往都是平台所推荐的如 Apache、MySQL 等。在这种情况下，不同的虚拟机之间实际上可能有很多内存页的内容都是完全相同的。虚拟机监视器可以把这些具有相同内容的虚拟机内存页映射到宿主机的同一个物理页上，也就是说，在不同的虚拟机看来，这些内存页仍然具有独立的 VA 和 GPA，而在虚拟机监视器看来，这些内存页具有相同的 HPA，它们实际上被"合并"了。显然，在合并之前，n 个内容相同的虚拟机内存页需要占用 n 个宿主机内存页，而合并之后，只需要占用 1 个宿主机内存页，相当于宿主机上回收到了 $n-1$ 个物理内存页。这种方法称为基于内容的页共享（content-based page sharing），其原理如图 3.14 所示。

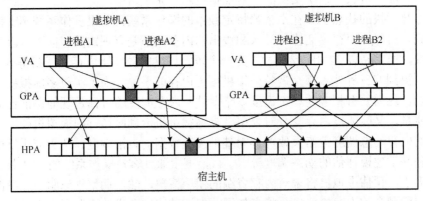

图 3.14　基于内容的页共享技术能够回收内存资源

目前，几乎所有的虚拟化产品中都或多或少地实现了基于内容的页共享技术，虽然其称呼各不相同，如在 VMware ESX 中称为 Transparent Page Sharing，在 Xen 中称为 Memory COW，在 KVM 中称为 KSM，在 VirtualBox 中称为 Page Fusion 等，但所采用的方法大同小异，关键是解决好如下两个问题：①如何发现具有相同内容的内存页；②当内存页被应用程序修改，导致无法共享时，如何处理。

对于第一个问题，其难点在于：查找具有相同内容的内存页是需要花费 CPU 时间的，如果消耗 CPU 资源过多，就大大削弱了内存页共享带来的收益，但如果过于计较 CPU 资源的消耗，导致查找的算法不够精确，又有可能遗漏很多本来可以共享的内存页。因此，这里是一个典型的 trade-off，不同的虚拟化产品在这里体现出了不同的设计思路。VMware ESX 中采取了较为激进的方法：定期扫描所有虚拟机的物理内存页，根据其内容计算出一个 Hash 值，同时维护一个从内存页的 Hash 值到其 HPA 的 Hash 表。对于每个扫描所得到的 Hash 值，如果 Hash 表里已经存在这个值，则说明当前内存页的内容与之前扫描过的物理内存页很有可能是相同的，确认之后，即可将其映射到同一个 HPA 上；如果 Hash 表里没有这个 Hash 值，则将其加入 Hash 表，以期待在后续的扫描中能够发现内容相同的页。

之所以说 VMware ESX 所采用的方法比较激进，是因为这种方法消耗了比较多的系统资源，一方面，定期扫描并计算 Hash 值需要耗费 CPU 资源，另一方面，维护 Hash 表也需要耗费内存资源。有的研究工作针对这一问题提出了优化的策略，如采用 Bloom Filter 这种数据结构减少查 Hash 表的开销。VMware ESX 也采取了若干优化策略，收到了良好的效果。VMware 公司公布的测试结果如图 3.15 所示。当采取默认的每 60min 扫描一次内存的策略时，性能下降非常小，甚至在有些测试程序中，由于内存页的合并导致 Cache 命中率提升，从而使得系统性能不降反升。即使是把扫描内存的周期从 60min 改为 10min，扫描更加频繁了，性能的下降也并不严重，基本上在 1% 以内，而内存共享带来的收益主要在于节省了 30% 的宿主机物理内存，相比之下，少量的性能降低在大部分情况下都是可以接受的[3]。

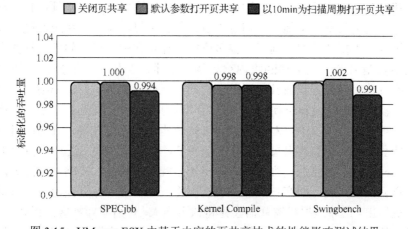

图 3.15　VMware ESX 中基于内容的页共享技术的性能影响测试结果

在 Xen 的实现中，采取了和 VMware ESX 不同的策略。Xen 认为多个虚拟机之间相同的内存页面大多数源于系统文件在内存中的映像，因此，Xen 只是简单地监控虚拟机的 I/O 读写，而不需要定期扫描内存，如果发现有两次 I/O 所读的是同一个系统文件，则相应的内存页面可以共享的可能性就会比较高。显然，Xen 所采取的方法比较保守，消耗的 CPU 资源大大降低了，但同时也会遗漏很多原本可以共享的内存页。

对于第二个问题，当共享内存页被应用程序修改时，通常都采用前面所提到的COW 的方法来撤销共享。例如，原本有 n 个虚拟机物理内存页被映射到了同一个宿主机物理内存页，当其中一个虚拟机物理内存页发生修改时，虚拟机监视器需要分配一个新的宿主机物理内存页，用于存放修改后的内容，而其余的 $n–1$ 个未修改的内存页仍然可以共享。通常一个内存页是 4KB，而如果仅修改其中的一字节，也会导致原本共享的内存页必须被撤销共享。针对这一问题，学术界提出了若干解决办法，如当对内存页的修改足够小时，可以把内存页分为原始页和在原始页基础上的"补丁"，原始页仍然以共享的方式保存，而补丁虽然需要独立保存，但通常并不需要 4KB，因此节省了内存空间[16]。或者把 4KB 的内存页一分为二，称为子页（sub-page），修改只是针对一个子页进行的，另一个未经修改的子页仍然可以共享[17]。无论是补丁还是子页的方法，都需要对现有的虚拟机内存管理机制进行比较大的修改，实现相对复杂，牵扯到的模块也会比较多。因此，目前大多停留在研究阶段，尚未实用化。

近年来，常见的操作系统都相继采用了一项称为"地址空间随机化"的技术。由于以往的操作系统往往把系统的动态链接库置于固定的内存地址，长此以往，当黑客熟悉了这些地址之后，就有机会利用这一特性，为其攻击计算机系统提供方便。为了提高系统的安全性，地址空间随机化技术将系统的动态链接库随机放置，不一定和某个内存页的起始地址对齐，并且每次重启系统，其地址都会发生变化。这项技术虽然防范了黑客的攻击，也同时增加了页共享的难度，因为两台虚拟机虽然都加载同样的系统库，却有可能因为地址不同、顺序不同而失去共享的机会，必须进行更深度的内存扫描，才能发现共享的可能性，但过于复杂的扫描算法恶化了系统性能。因此，虽然页共享技术并不复杂，但目前仍有很多研究工作正在围绕这一问题进行探索。

宿主换页是另外一项主动回收内存资源的技术。类似于传统操作系统的换页机制，宿主换页技术会在磁盘或其他服务器的内存上构建换页文件，当宿主机内存紧张时，将部分较少使用的内存页换出，以腾出可用物理内存，如图 3.16 所示。宿主换页技术运行在虚拟机监视器中，对客户操作系统透明，是一种直接、强力的机制，但是也存在一些负面效应，如换出页的选择无从参考，通常只能采用近期最少使用（Least Recently Used，LRU）算法，容易与客户操作系统自身的换页策略发生冲突。特别是可能导致重复换页问题，即客户操作系统需要将一个物理内存页换出时，该页可能已经被宿主机换出，此时虚拟机监视器会先将该页换入，然后立即被客户操作系统换出，产生不必要的开销。而且，内存页换入换出时延迟较高，在这一过程中虚拟机需要被挂起，对性能影响较大。因此，宿主换页技术通常只在宿主机内存资源十分紧张，且其他机制无法生效时才使用，本书也不对这项技术进行深入讨论。

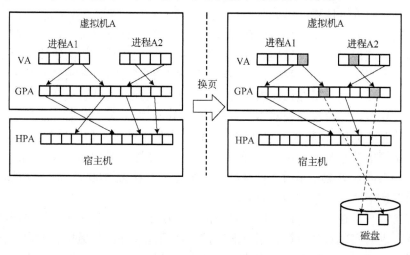

图 3.16　将部分较少使用的内存页换出以清理内存资源

3.2.4　面向内存虚拟化的服务器整合技术

在虚拟计算环境中，资源和任务的绑定关系是动态的，可以随着任务的扩展而增加资源，也可以把多个工作量不大的任务合并到少量资源上执行，从而利用集约化的管理实现资源和能源的节约。服务器整合是把多个任务合并到少量资源的实现技术之一，其核心思想在于，利用虚拟机迁移技术，把一些资源占用率不高的虚拟机放在一台宿主机上，一方面使各虚拟机的实时资源占用量总和尽量接近宿主机的资源容量，另一方面实现资源的过量提交，即各虚拟机可用的最大资源占用量总和超过宿主机资源容量的若干倍。

在计算机常见的各类资源中，内存资源的超量提交是比较困难的，因为语义鸿沟的存在，虚拟机监视器难以从各个虚拟机中获取暂时不用的内存。通过前面所介绍的内存超量提交和内存主动回收技术，在一定程度上解决了内存无法回收的问题，但为了实现面向内存虚拟化的服务器整合，还有很多实际的技术问题需要解决。下面择要列举，并探讨我们在实践过程中提出的一些方案。

1. 虚拟机内存使用量感知问题

由于"语义鸿沟"的存在，虚拟机内部的内存使用情况对于虚拟机监视器是不可见的，虚拟机既不会主动告知虚拟机监视器虚拟机内部的内存使用情况，也没有向虚拟机监视器提供任何接口。为了获取虚拟机的内存使用量，从而为多虚拟机之间的内存调度提供依据，最简单直接的方式就是修改虚拟机操作系统，或在虚拟机中运行一个特殊的内存信息获取程序,但这种方法和气球程序类似,破坏了对虚拟机的透明性。为了弥补这一不足,有两个方面的研究工作比较具有代表性,分别是工作集抽样分析技术和内存访问分析技术。

工作集抽样分析技术最早出现在 VMware ESX Server 的产品中,通过对部分内存页的利用率的监视,来估计整体内存页的利用率,使用抽象分析的手段计算出虚拟机操作系统的工作集的大小。虚拟机监视器按照一定的执行周期,随机选取数量 A 的 P2M 映射失效,而后当虚拟机在访问内存时,如果该访问地址的映射失效,则此时将产生宿主机缺页异常,虚拟机监视器需要重新建立 GPA 到 HPA 的映射。统计本周期内重新建立的映射的数量 B,通过 B 与 A 的比值和历史使用情况来估算当前的内存使用量。

该方法简单并且易于实现,且开销很低,但其预测结果的准确性较低,感知周期长,尤其是当内存分配不足时,抽样结果最多也只是接近 100%,而无法感知超出分配量的内存使用情况,感知能力有限。

内存访问分析技术通过降低内存页面的访问权限,使任意对内存的访问陷入虚拟机监视器,进而实现对任意访存指令的监控,从而建模并评估虚拟机的内存使用情况和内存需求。但是监控所有的访存代价过高,内存访问分析技术通常把内存页面分为"冷页面"和"热页面"两种,只有对"冷页面"的访问才陷入虚拟机监视器。初始时,所有页面都标记为"冷"的,当对"冷页面"进行访问时,陷入虚拟机监视器,并将其标记为"热",同时修改其访问权限使得其下次访问时不再陷入。长时间没有访问的"热页面"将被重新标记为"冷页面"。显然,这种技术的准确率虽然高一些,但引入了额外的缺页异常,导致其性能开销较大。

针对以上透明感知技术的问题,本章根据 x86 虚拟化的特点,设计并实现了一种基于虚拟机进程和页表可见性的感知方法,可以对 x86 虚拟机内存状态进行实时而准确的感知。具体过程如下。

在基于 x86 的系统中,发生进程切换时,指向进程页目录基址的 CR3 寄存器也随之切换。而借助 x86 的硬件辅助虚拟化技术,在虚拟机操作系统切换进程时,虚拟机监视器能够捕获到对 CR3 寄存器的修改,并能够获得 CR3 寄存器的值。

因此,可以为物理机上的每个虚拟机维护一张进程表,并使用 CR3 寄存器的值作为进程标识。通过对每一个由对 CR3 寄存器的修改而引起的陷入虚拟机监视器的行为的截获,遍历其所在虚拟机的进程表,如果是新出现的 CR3 值,则认为是有新进程被创建,将该 CR3 的值,作为进程的标识,加入该虚拟机进程表中。对于新创建的进程,通过其 CR3 的值,定位本进程页表项的基地址,然后完整扫描页表项,计算有效页表项的数量 V,一般情况下,每个页表项对应 4KB 大小的物理内存,则该进程的初始工作集大小为 $V \times 4\text{KB}$。

对于非新创建的进程,在影子页表模式下,页表更新时会陷入,陷入时同步更新工作集大小,对于新建立的页表项,该进程的工作集大小增加 4KB,对于销毁的页表项,工作集大小减少 4KB。在硬件辅助内存虚拟化(如 EPT)模式下,页表更新不再陷入虚拟机监视器进行，这里使用周期性更新的方法：对于进程的切换，在切换时重新扫描上一进程的所有页表项并计算有效页表项的数量，更新该进程的工作集大小；在无进程切换发生的情况下，为保证感知的实时性，周期性地扫描当前进程的所有页表项，重新计算有效页表项的数量来更新工作集大小。在虚拟机操作系统销毁进程时，操作系统必须要使该进程的页表项无效化，才能回收该进程的物理内存，供其他进程使用。在进程销毁的过程中，有效页表项会不断减少，工作集大小不断减小，当减少为 0 时，将该进程标识从进程表中删除。

　　虚拟机内所有进程的内存用量的总和就是当前虚拟机内的工作集大小。在实现过程中，为降低扫描和计算的开销，鉴于操作系统普遍使用多级页表，故在监视页表变化和扫描页表时，使用粗粒度的页目录项（即页表项的上一级）来替代。这种优化会使工作集大小的计算结果偏大，但是可以大幅减少扫描和计算量。由于所有进程共享系统的内核地址空间，所以内核地址空间在统计时仅统计一次，且计数时使用最新的进程中计算的结果。

　　本书将上述方法命名为页表感知方法，并采用开源性能测试工具 DaCapo 中的 Eclipse 用例，对内存使用量感知的情况进行测试，为了对比，还根据前面所述的内存访问分析技术的思想，实现了简单的原型程序，称为 MEM。监测的内存单位大小为 32 个页面，热页面大小为 8MB，结果进行归一处理后如图 3.17 所示，页表感知方法平均误差为 4.15%，而采用内存访问分析技术的 MEM 程序的平均误差高达 39%。

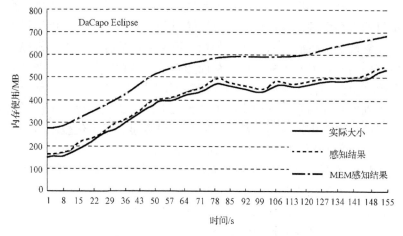

图 3.17　内存使用量感知准确性测试

　　对内存使用量感知的过程中，不可避免地需要花费一定的 CPU 时间，从而对系统性能带来影响。为了评估这一影响，采用 DaCapo 中的 Eclipse、h2、Tomcat、Batik 用例，对页表感知方法和使用内存访问分析技术的 MEM 程序进行了对比。由于页表感知方法在影子页表模式和硬件辅助内存虚拟化模式下具有不同的步骤，所以也分别进行了测试，具体结果如图 3.18 所示。在影子页表环境下，页表感知方法的平均开销约为 1%，在硬件辅助内存虚拟化环境下，开销约为 3.1%。由于硬件辅助内存虚拟化环境下需要对页表项进行更多的扫描，所以带来了额外的2%的开销，而 MEM 的平均开销为3.7%。显然，页表感知方法不仅结果较准，对系统的性能影响也比较小，具有全面的优势。

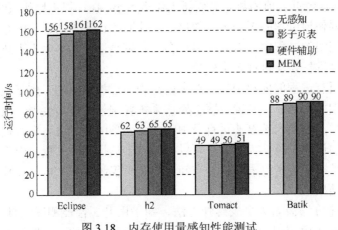

图 3.18　内存使用量感知性能测试

2. 积极换页问题

内存气球技术具有粒度小、易实现等诸多的优点，应用较为广泛。但我们在实践过程中发现，内存气球会造成虚拟机操作系统的内存视图偏差，因为气球程序占用了一部分虚拟机的内存资源，虽然这些内存资源只是临时被占用，当虚拟机需要更多内存时，仍然能够被虚拟机监视器归还。但由于语义鸿沟的存在，虚拟机操作系统并不知道被气球占用的内存何时才能归还，从而影响了其内存管理策略。严重的时候，虚拟机操作系统甚至会在仍然有内存可用的情况下，"未雨绸缪"地把一部分不经常使用的内存页换出到外部存储中，这种实际上并无太大意义的换页操作不仅影响了当前虚拟机的性能，而且由于虚拟机的外部存储实际上也是通过虚拟化技术与其他虚拟机共享使用的，换页还会对其他虚拟机也造成不同程度的影响，称这种现象为"积极换页"。

为了解决积极换页带来的性能退化问题，本章设计并实现了一种称为"内存空洞"的技术。该技术的关键思路是：由于气球所占用的内存在虚拟机操作系统中被分配了VA 和 GPA，所以在虚拟机操作系统看来，它是被标为"不可用"状态的，从而导致了积极换页问题。因此，我们针对性地把一部分气球占用的内存标为"可用"状态，即不分配 VA，但分配 GPA，称这部分内存为"空洞内存"。尽管空洞内存在宿主机中并没有被提交，也就是没有分配 HPA，但是对于虚拟机来说，因为这些内存具有相应的 GPA，使得虚拟机认为它们是可访问的。当然，空洞内存没有分配 HPA，使其实际上处于一种不能够被虚拟机操作系统直接使用的状态，必须由虚拟机监视器对其进行必要的监视，一旦操作系统开始访问这块内存，需要被捕获到，并陷入虚拟机监视器。这时，虚拟机监视器再为空洞内存分配实际的物理内存，即分配 HPA。基于这种按需分配的特点，内存空洞机制具有呈现给虚拟机更多可用内存的能力，使得虚拟机和下层的虚拟机监视器内存不一致的情况得到缓解，以限制给平台带来严重性能损失的换页操作发生的次数。

为了便于理解，下面列表表示虚拟机已用内存、虚拟机可用内存、气球内存、空洞内存各自的 VA、GPA 和 HPA，如表 3.1 所示。

表 3.1　虚拟机中不同类型内存的比较

	VA	GPA	HPA
虚拟机已用内存	有	有	有
虚拟机可用内存	无	有	有
气球内存	无	有	无
空洞内存	有	有	无

显然，如果把气球内存全部设为空洞内存，对于虚拟机操作系统来说，就完全消除了内存视图的不一致，解决了积极换页的问题。但是，当这部分内存被操作系统实际访问到时，则需要花费一定的 CPU 时间为其分配 HPA，造成了性能上的损耗。

另一方面，随着虚拟机的运行，空洞内存逐渐被虚拟机操作系统访问到，变成虚拟机已用内存，从而造成空洞的数量持续减少，气球和空洞的效果都越来越弱。因此，在宿主机中设计了一个调度程序，该程序可以监视每个虚拟机当前的空洞内存数量和系统剩余内存，并使用这些信息动态地调整每个虚拟机空洞内存的数量。

我们已经在 Xen 上实现了内存空洞和相关的内存分配算法原型，该原型利用了 Intel 硬件虚拟化中的 CPU 虚拟化 VT-x 技术和 EPT 技术[18]。当虚拟机中执行到访存指令，并且将要访问空洞内存部分时，该访问将通过 VM Exit 方式陷入虚拟机监视器，以保证虚拟机监视器有机会为这些空洞内存分配 HPA。之后，CPU 又恢复到客户机的上下文中，重新运行该访存指令，这时该指令就能无干扰正确执行了。

这里仍采用前面所述的开源性能测试工具 DaCapo 对空洞内存的原型系统进行测试，并使用了其中的 Tradebeans 用例。Tradebeans 由大量 JavaBeans 和 h2 支持的日常交易测试并发程序构成，是一个内存使用量敏感的程序，能够体现内存空洞方法的效果。测试分为两组，第一组的 Java 虚拟机可用内存为 512MB，第二组的 Java 虚拟机可用内存为 1GB，两组的其他配置都完全一样。在一台具有 16GB 物理内存的宿主机上启动 10 个虚拟机，扣除虚拟机监视器的内存消耗以后，每个虚拟机分配 1GB 的物理内存。测试结果如图 3.19 所示，图 3.19(a)表示 Tradebeans 的 Java 虚拟机分配 512MB 内存的情况，此时是否采用内存空洞方法，其完成时间相差不大，甚至在很多虚拟机中，采用内存空洞方法的完成时间反而变得更长，这是因为内存空洞被访问时会带来一定的时间开销。而图 3.19(b)表示 Tradebeans 的 Java 虚拟机分配 1GB 内存的情况，此时由于内存消耗较大，积极换页的现象发生的概率较高，所以，内存空洞方法体现了显著的性能优势。

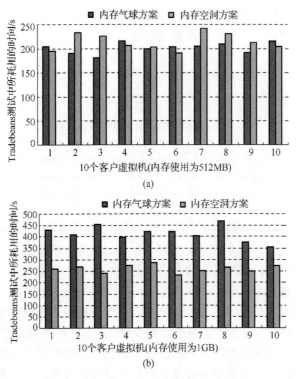

图 3.19　采用内存空洞的完成时间综合测试

3. 内存不平衡问题

内存气球技术的缺点之一是伸缩范围有限：如果某个虚拟机在启动时分配的物理内存量为 M，内存气球只能在其实际内存使用量不超过 M 时发挥作用，而如果实际使用量超过了 M，内存气球就无能为力了，只能依靠虚拟机操作系统的换页机制，把一部分不常用的内存页置入外部存储中，从而带来较大的性能开销。

遗憾的是，虚拟计算环境所针对的互联网应用往往具有负载动态性较强的特点，甚至可能出现指数级的波动，如淘宝网在 2012 年双十一促销日当天的交易量是 191亿元，该数量是前一天的 10 倍。另有数据显示（如图 3.20 所示），在 2013 年 8 月某日，当日本一家媒体在播放电影《天空之城》时，因人们在 Twitter 上大量关注该事件，使得其创下了每秒发送 14 万条推文的新纪录，而该数量是平日数量的 25 倍。

在这种情况下，虚拟机的用户往往很难预估其内存需求量，当负载峰值到来时，常常出现某个虚拟机的内存量不足，由于换页导致性能退化严重，而在同一台宿主机上的其他虚拟机仍有剩余内存，却由于内存气球的限制，无法为其补充内存的情况，称这种现象为内存不平衡问题。内存不平衡问题的根源在于内存气球的不足，当然，如果采用内存热插拔等技术，就不存在这一问题了，但内存热插拔等技术也有各自的不足，当实际情况导致不得不使用内存气球时，就必须针对内存不平衡问题进行改进。本书提出的改进方法称为换页缓存池。

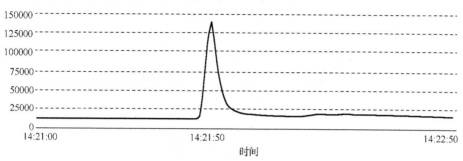

图 3.20　Twitter 每秒推文发送的新记录

换页缓存池方法的主要思想是在宿主机或虚拟机监视器中通过气球等技术收集剩余可用内存，构建一个内存池，同时监视虚拟机的所有对外部存储的 I/O 操作，当发现某个 I/O 操作实际上是虚拟机在换页时，尽量使用内存池来完成这次换页，而不进行真正的 I/O 操作。由于内存的性能远高于外部存储，特别是在虚拟化环境中，外部存储往往是通过网络连接的磁盘设备，其访问开销包含了网络和磁盘两部分的开销，因此更是远远超过了内存池的访问开销。这样，在宿主机有剩余内存的情况下，即使某个虚拟机由于内存不平衡而发生换页，其换页性能也会大幅度地提高。

为了高效地管理缓存池中从客户机换出的内存页面（一般大小为 4KB），给每个页面分配了一个 16B 的键（Key）值。该 Key 值的计算过程用到虚拟机的 ID 号及其使用的外部存储的块设备号（block number）。当宿主机发现了内存页换出操作时，首先将这个内存页置入换页缓存池，然后记录这个内存页的 Key 值及其在缓存池中的位置；当发现了内存页换入操作时，也会根据 Key 值查找这个内存页是否已置入缓存池，如果在缓存池中，则直接完成换页操作，否则再到外部存储中读取。显然，根据 Key 值的查找操作在这里成为了影响换页缓存池性能的关键，为了提高查找性能，采用二叉搜索树来管理从 Key 到其对应的内存页在缓存池中的位置这一键值对，具体的组织形式如图 3.21 所示。

换页缓存池是由各虚拟机的剩余内存收集而成的，其大小有限。当某个虚拟机发生大量换页时，必须采取某种策略，使部分在缓存池中的不活跃的页面可以异步地写入磁盘，确保腾出空间，使其他从虚拟机换出的页面能够持续地利用换页缓存池。下面首先提出两个关于内存页的参数，用以定义其活跃度。

最后更新时间（Lastest Update Time，LUT）：表示位于缓存池中的页面最后被更新的时间戳。这里更新操作可能是如下的两种情况之一：①该页面是第一次进入缓存池，那么 LUT 值就是该页面写入的时间；②该页面已经在缓存池中，那么缓存池管理器会将新的页面替换掉之前的旧页面，那么 LUT 的值就是最后一次替换的页面。

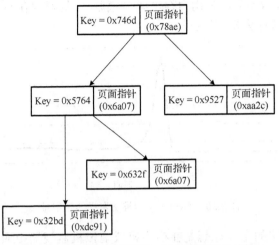

图 3.21　缓存池中页面的二叉搜索树组织结构

最后读取时间（Lastest Fetch Time，LFT）：表示位于缓存池中的页面最后被读取的时间戳。如果一个页面在写入缓存池以后尚未因页面换入操作而再次被虚拟机读取，那么该页面的 LFT 值就被设定为空值。

关于页面活跃度的考察，我们在实验中发现，虚拟机操作系统换出的页面趋向于在很短的时间内换回内存，也就是说，如果一个内存页面比其他页面后进入缓存池，那么它很有可能先被换入，因此具有较高的活跃度。根据上述考虑，活跃度函数设计如下

$$\text{Active}(\text{Page}_i) = \begin{cases} \text{LUT}, & \text{LFT} = \text{NIL} \\ -\text{LFT}, & \text{其他} \end{cases}$$

这样，根据 LFT 值和 LUT 值，就能够计算出每个页面的活跃度，并以此为依据，在缓存池的空间不足时，优先把活跃度较低的页面写入外部存储。

我们在 Xen 上实现了换页缓存池的原型，称为 SwapCached，并对其进行了测试，除了采用前面所述的 DaCapo 工具的 Eclipse 用例，还选用了著名的 Web 引擎测试工具 ApacheBench，它可以针对某一特定统一资源定位符（Uniform Resource Locator，URL）模拟出连续的联机请求，同时还可以仿真出和时间点个数相同的联机请求，因而可以有效地测试作为 Web 服务器的虚拟机在内存使用方面的效率，其测试结果具有很强的代表性。

测试结果如图 3.22 所示，此结果表明，采用缓存换页池方法，能够有效优化换页操作，利用较小的内存资源让虚拟机实现较高的运行性能，提高了内存资源的利用率，进而能够提升系统的整体性能。

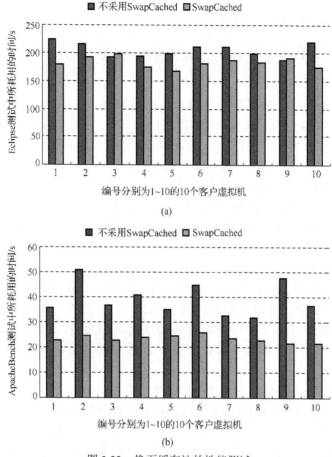

图 3.22 换页缓存池的性能测试

3.3 网络虚拟化

网络虚拟化的概念并不陌生，虚拟局域网（Virtual Local Area Network，VLAN）、虚拟专用网（Virtual Private Network，VPN）、虚拟路由冗余协议（Virtual Router Redundancy Protocol，VRRP）、虚拟路由转发（Virtual Routing Forwarding，VRF）等网络技术都可以认为是某种形态的网络虚拟化。进入云计算时代，为配合大规模虚拟机集群，网络虚拟化也进一步拓展出了新的外延。IaaS 云计算系统为每个租户分配一个虚拟网，使得用户就像在用一个独立的二层网络一样。

与计算虚拟化技术一样，网络虚拟化技术按照规模尺度也可分为单物理网络到多虚拟网络的映射、多物理网络到单虚拟网络的映射，以及多物理网络到多虚拟网络的映射等几大类。无论采用哪种网络虚拟化技术，应用程序都可以不关注这一细节，通信双方可平滑地扩展到任何网络尺度。

3.3.1　单物理网络到多虚拟网络的映射技术

本节将对 VLAN、VPN、VRRP、VRF 等网络虚拟化技术[19,20]进行简要介绍。

1. VLAN（IEEE 802.1Q）

VLAN 技术可将一个物理局域网（Local Area Network，LAN）划分成多个逻辑上的虚拟 LAN，VLAN 内的主机间通信就像在一个 LAN 内一样，而 VLAN 间的主机必须通过路由才能相互通信，也可以配置为不可相互通信，以增强网络安全性。

VLAN 的划分使得大型 VLAN 更便于管理，同时也可以限制广播报文的传播范围，节省网络带宽。VLAN 的划分在技术上与主机空间位置无关，不同物理位置范围的主机可以划为同一 VLAN，相同物理位置范围的主机也可以划为不同 VLAN。

要使网络设备能够分辨不同 VLAN 的报文，需要在以太网报文中添加标识 VLAN 的字段。IEEE 于 1999 年颁布了用以标准化 VLAN 实现方案的 IEEE 802.1Q 协议标准草案，对带有 VLAN 标识的报文结构进行了统一规定。

如图 3.23 所示，VLAN 报文对普通报文进行了扩展，在 type 字段之前增加了 Priority、CFI 和 VLAN ID 字段，并将普通报文中的 type 位置指定为 0x8100，以表示该报文为 VLAN 报文，真正的 type 字段顺推至 VLAN ID 之后。VLAN 报文新增字段含义如下：

（1）Priority 表示报文的 802.1P 优先级，长度为 3bit，相关内容请参见"QoS 分册"中的"QoS 配置"。

（2）CFI 字段标识 MAC 地址在不同的传输介质中是否以标准格式进行封装，长度为 1bit，取值为 0 表示 MAC 地址以标准格式进行封装，为 1 表示以非标准格式封装，默认取值为 0。

（3）VLAN ID 标识该报文所属 VLAN 的编号，长度为 12bit，取值范围为 0～4095。由于 0 和 4095 为协议保留取值，所以 VLAN ID 的取值范围为 1～4094。

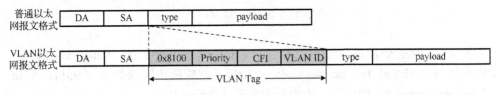

图 3.23　以太网报文格式

交换机利用 VLAN ID 来识别报文所属的 VLAN，根据报文是否携带 VLAN Tag 和携带的 VLAN Tag 值，来对报文进行处理，确保 VLAN 报文只在网络管理员设定的 VLAN 范围内传播。对于跨 VLAN 通信需求，需要配置跨相应 VLAN 的路由设备，也可直接使用支持路由的三层交换机。

2. Q-in-Q（IEEE 802.1ad）

园区网、城域网之类的大型"局域网"通常会涉及多个管理域，如大学的园区网可能由学校信息中心管理校级网络并负责院级网络的接入，而学院网络则由各学院自行管理。学院可能在校园内不同位置设有多处办公场所，每处都有独立的局域网，希望能通过校级网络接入后虚拟成单一的院级网络。这一场景可由图 3.24 表现出来。

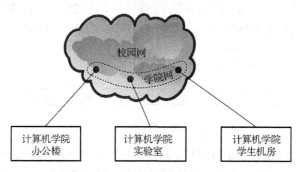

图 3.24　典型园区网的组织结构

这种大型"局域网"的治理模式可视为一种两层嵌套的网络虚拟化，即整个校园网先划分（虚拟）出不同的学院网，各学院再根据自身情况独立地划分（虚拟）出标准 VLAN。IEEE 为这种使用场景设计了标准规范，称为 IEEE 802.1ad，其做法是在 IEEE 802.1Q 报文的 VLAN Tag 前再插入一个 VLAN Tag，如图 3.25 所示。

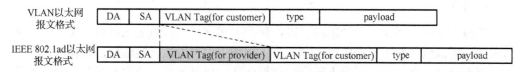

图 3.25　IEEE 802.1ad 报文格式

报文内层（图中靠右）的 VLAN Tag 是院级网络管理的 Tag，外层（图中靠左）的 VLAN Tag 是校级网络管理的 Tag。在 IEEE 802.1ad 的术语中，校级网络称为运营商（carrier）或提供商（provider），院级网络称为客户（customer）。由于 IEEE 802.1ad 报文的关键部分是由两个 802.1Q VLAN Tag 嵌套组合而成的，所以 IEEE 802.1ad 也称为 IEEE 802.1QinQ，或简称为 QinQ 或 Q-in-Q。

数据报文在客户网络内部时，只带有一个 VLAN Tag，表示该报文在客户网络内的子网隶属关系。当该报文传递到达运营商网络的边缘交换机时，将被边缘交换机添加一个外层 VLAN Tag，表示该报文/客户在运营商网络内的子网隶属关系。当报文离开运营商网络时，将被边缘交换机剥离外层 VLAN Tag，恢复其在客户网络内的 VLAN 身份。

3. MAC-in-MAC（IEEE 802.1ah）

由于 QinQ 协议会将所有客户的 MAC 地址暴露给运营商设备，这对运营商的服务能力造成了限制。为解决这一问题，IEEE 引入了新的报文封装协议 IEEE 802.1ah，将客户报文彻底地封装在服务商报文内，如图 3.26 所示。封装后，服务商的骨干网络设备将不用关注客户报文内的 MAC 地址和其他信息，大大提高可扩展性。该协议将客户的 MAC 报文封装在一个全新的 MAC 报文内部，因此 IEEE 802.1ah 也称为 MAC-in-MAC 协议。该封装/解封发生在通往运营商骨干网的网桥上，因此 IEEE 802.1ah 也称为运营商骨干网桥（Provider Backbone Bridge，PBB）。

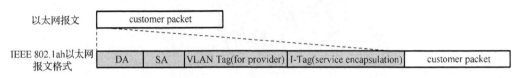

图 3.26　IEEE 802.1ah 报文格式

MAC-in-MAC 的报文转发规则与 QinQ 类似，当客户报文到达 PBB 即将进入骨干网络时，PBB 将给报文添加 802.1ah 协议头，将整个原始报文作为数据封装到新报文当中。当客户报文即将离开骨干网络时，PBB 将剥离报文的 802.1ah 协议头，恢复客户报文面貌。PBB 内部需要学习并维护一张地址转换表，记录客户 MAC 地址和 PBB 地址的对应关系，使得在封装报文时可以正确填写 IEEE 802.1ah 协议中的目标 PBB 地址。

4. VXLAN

虚拟机集群之间需要一种隔离手段，使得同租户的虚拟机之间可以直接通信，不同租户的虚拟机之间不能直接通信，虚拟机和物理机也不能直接通信，好像在物理网上为每个租户建立了一套逻辑上独立的虚拟网络，以确保各个租户和服务商自身的基本安全性和功能独立性。

传统的 VLAN、QinQ 和 MAC-in-MAC 等协议虽然均可应用于此，然而这些协议并不是为云计算场景设计的，在应用时会出现多种问题。例如，VLAN 最多支持 4094 个租户，这对公有云计算服务是远远不够的；QinQ 和 MAC-in-MAC 协议具有充足的租户空间，然而它们的二层网络实质使得灵活性不足，无法利用 IP 网络设备，难以扩展到广域网络空间，也难以在交换机实现多端口负载均衡调度。

针对上述问题，VMware 和 Cisco 共同研发了 VXLAN 协议，将客户虚拟机的以太网报文封装到物理网络的用户数据报协议（User Datagram Protocol，UDP）报文中，同时提供 2^{24} 的租户空间，以最佳适应云计算服务的需求。图 3.27 展示了 VXLAN 的报文格式。

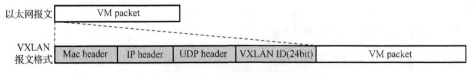

图 3.27　VXLAN 报文格式

VM 的报文首先传递到所在的物理机，添加 VXLAN 封装后以 UDP 的形式发送给数据中心网络。报文在到达目标 VM 所在的物理机后，由物理机解除封装并转发给目标 VM。物理机的 VXLAN 模块需要学习虚拟机 MAC 地址与物理机 IP 地址和 UDP 端口的对应关系，以在封装报文的时候能正确填写目标 IP 地址和端口。

5. 基于过滤规则的网络划分

为将物理网络虚拟划分出独立子网分配给每个虚拟机租户，也可以使用恰当的软件防火墙过滤规则。例如，云计算系统可为租户的虚拟机分配不同的 IP 地址段，并在物理机对报文进行过滤，以杜绝跨租户的通信。当报文经过物理机时，无论流向，物理机都应当检测，若目标 IP 地址与源 IP 地址属于不同租户则丢弃该报文。也可基于 MAC 地址实现过滤：每个计算节点都需要维护各个租户内的 MAC 地址集合；当报文从传递经过物理机，无论流向，物理机都应当检测，若目标 MAC 地址与源 MAC 地址属于不同租户则丢弃该报文。无论使用什么地址过滤，都应对广播和组播报文进行特殊处理，使得报文不会错误投递到无关物理机和虚拟机，以确保信息安全和服务可靠。

基于 IP 地址过滤的虚拟网络划分只能支持 IP 以及基于 IP 的上层协议，其他协议报文必须被过滤丢弃。而基于 MAC 地址过滤的虚拟网络划分可以完整支持各种适用于以太网的通信协议，具有更好的普适性。报文过滤可以使用 Linux 操作系统内置的 iptables、ip6tables、ebtables、arptables 等机制，也可以使用 Open vSwitch 内置的 OpenFlow 机制。

OpenFlow[21]网络设备维护一个流表并且只按照流表进行转发，流表本身的生成、维护、下发完全由外置的控制器来实现。OpenFlow 中的流表并非是指 IP 五元组，而是包括了端口号、VLAN、L2/L3/L4 等信息的 10 个关键字，并且每个字段都支持通配，若用户只需要根据目的 IP 进行路由，那么流表中就可以只有目的 IP 字段是有效的，其他全为通配。这种控制和转发分离的架构对于 L2 交换设备而言，意味着 MAC 地址的学习由控制器来实现，VLAN 和基本的 L3 路由配置也由控制器下发给交换机。对于 L3 设备，各类 IGP/EGP 路由协议也运行在控制器之上，控制器根据需要下发给相应的路由器。

OpenFlow 是一种可以实现软件定义网络（Software Defined Network，SDN）的通用网络设备编程方法，也可以用来实现网络虚拟化。开源的 FlowVisor 作为网络虚拟控制层（相当于 Hypervisor），将网络资源根据 VLAN、IP 分段等各种信息进行切片，分发给上层的 OpenFlow 控制器（相当于 Guest OS），在各个虚拟网的控制器上，用户可以采用脚本编程来控制转发、服务质量（Quality of Service，QoS）等策略。该模式也同样适用于数据中心运营商提供虚拟私有云（Virtual Private Cloud，VPC）业务。

6. 虚拟路由

物理局域网络可通过物理路由器与外界通信，而虚拟网络则必须通过虚拟路由器与外界通信。VLAN、QinQ、MAC-in-MAC 等网络虚拟化技术通常应用于物理计算机的隔离，其路由方案通常也由物理设备完成。例如，三层交换机内置了 IP 路由功能，可为每个 VLAN 提供一个专用的默认网关，使得用户可以实现跨 VLAN 的通信，或访问广域网、国际互联网。

对于承载虚拟机的虚拟网络，传统的物理路由器设备不再适用，需要用软件构建虚拟路由器，其结构可由图 3.28 描述出来。由于虚拟网络内通常使用局域网网段 IP 地址，如 10.0.0.0/24、172.16.0.0/12、192.168.0.0/16，虚拟网路由器一般需要具备网络地址转换（Network Address Translation，NAT）功能、IP 地址映射功能和端口映射功能。云计算系统 OpenStack 采用了 cgroups + network namespace（网络名字空间）+ iptables 的方案实现虚拟路由器。

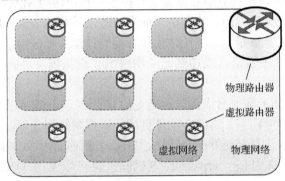

图 3.28　物理网络路由与虚拟网络路由

3.3.2　多物理网络到单虚拟网络的映射技术

本节将对链路汇聚与网卡绑定技术，交换机的级联、堆叠与集群技术，基于 TCP/IP 的映射技术，VPN（Virtual Private Network）隧道，以及负载均衡与高可用技术等[22-25]进行介绍。

1. 链路汇聚与网卡绑定

现代网络设备支持将多条链路在逻辑上虚拟成为一条，这样不但可以同时利用各条链路的带宽，还可以容忍部分链路的失效，同时达到高性能、高可靠和高可用的目的，这样一种链路配置模式称为链路汇聚（link aggregation）或链路聚合（link trunking），相应的交换机端口配置模式称为端口汇聚（port aggregation）或端口聚合（port trunking），而相应的计算机网卡配置模式称为网卡绑定（bonding）。

为了更好地支持链路汇聚，互连设备之间需要进行动态协调。IEEE 在 802.1ad 标准和 802.1ax 标准中定义了 LACP（Link Aggregation Control Protocol），允许互连设备自动协商链路汇聚的配置。许多厂商还实现了专有的链路协商协议，如 Cisco 的 EtherChannel、华为的 EtherTrunk、中兴的 SmartGroup 等。

Linux 内核从 2.0 开始提供了多网卡绑定的支持模块 bonding 和配套的用户态管理程序 ifenslave。Linux 多网卡绑定支持多种不同的模式,包括轮询(round-robin)、主从备份(active-backup)、广播以及 LACP 等。

2. 交换机的级联、堆叠与集群

网络设备厂商对网络虚拟化有较为独特的认识,在他们看来"网络虚拟化"这个术语通常是指网络设备的多物理网络到单虚拟网络的映射。例如,Cisco 公司的网络虚拟化技术就是将相互连接的多个网络设备虚拟化成为逻辑上的单个设备,以显著降低网络管理的复杂性,同时提高网络的可靠性和性能。

以交换机为例,交换机通常包括级联、堆叠和集群等类型。其中级联就是用常规网络线缆将不同交换机的网络端口相互连接,使得用户感觉就像在用一个更大规模的网络设备。原则上任何厂家、任何型号的以太网交换机均可相互进行级联,但也不排除一些例外情况。多台交换机级联时,应保证它们之间没有环路,或者都支持生成树(spanning-tree)协议,以应对环路。跨交换机的网络流量受限于该链路的带宽,因此应该尽力提高该链路的带宽。可采用全双工技术和链路汇聚技术,不但可使链路带宽加倍,而且链路可靠性、可用性和可维护性也可以极大地提高。

交换机堆叠可以看成级联的高级形式,它与级联的区别主要有以下几个方面:

(1)采用专用堆叠模块和堆叠总线进行堆叠,不占用网络端口。

(2)多台交换机堆叠后,具有足够的系统带宽,从而保证堆叠后每个端口仍能达到线速交换。

(3)在管理和使用上就像单个交换机一样。

(4)一般来说任意品牌型号的交换机都可以级联,但只有同品牌型号的交换机才有可能堆叠。

交换机堆叠发展到更高阶段的产物是框架式交换机。框架式交换机具有多个插槽,可以插入不同的业务功能板卡,如网络接口卡。框架式交换机一般属于部门以上级别的交换机,端口密度大,支持多种网络类型,扩展性较好,处理能力强,但价格昂贵。

交换机集群就是将多台互相连接的交换机作为一台逻辑设备进行管理。集群中,一般只有一台起管理作用的交换机,称为命令交换机,它可以管理若干台其他交换机。在命令交换机统一管理下,集群中多台交换机协同工作,大大降低管理强度。集群技术给网络管理工作带来的好处是毋庸置疑的,但一般厂家都是采用专有协议实现集群的,这就决定了集群技术有其局限性:不同厂家的交换机可以级联,但不能集群;即使同一厂家的交换机,也只有指定的型号才能实现集群,如 Cisco 3500XL 系列就只能与 1900、2800、2900XL 系列实现集群。集群成员可以是单个交换机,也可能是一组堆叠交换机的整体。

3. TCP/IP

TCP/IP 在传统上并不认为是虚拟化的,而是一种实实在在的网络通信协议。然而如果换一个视角，TCP/IP 也具有虚拟化的特征：首先，它可将分组交换通信网络"虚拟"成流式通信网络（即 TCP），给应用提供一种更高层的抽象的虚拟通信网络，它以 IP 地址而不是物理地址为节点名称，提供面向连接的可靠的流式通信模型而不是无连接的不可靠的消息报文式的通信模型；其次，它可将多种异构网络"虚拟"成一个同构网络（对应用来说），如通信双方可能一个位于以太网内，另一个位于宽带码分多址（Wideband Code Division Multiple Access，WCDMA）无线网络内，他们所处的网络条件迥异，而应用程序却可以用一致的方式使用 TCP/IP "虚拟"出的同构网络。这好比将一台 x86 架构的计算机和一台 Power 架构的计算机通过分布式虚拟计算环境合并成一台大型的抽象的虚拟计算机。

TCP/IP 是互联网的基石，而互联网也称为 "a network of networks"，意为互联网是由众多的网络组成的网络，这其实也可以理解为一种多物理网络到单虚拟网络的映射。

4. VPN 隧道

VPN 是通过一个公共网络（通常是因特网）与企业内部的网络建立一个安全的虚拟的专用网络链路，使 VPN 隧道的使用者成为企业内部网络的一部分。因此 VPN 隧道是对企业内部网的扩展，通过它可以帮助远程用户、企业分支机构与企业的内部网建立可信的安全连接，并保证应用感受到的网络环境与真正的企业内部网一致，除了性能。

从虚拟化的角度来看，VPN 的功能实质就是将两个局域网虚拟成为一个大网络，因此可视为一种多物理网络到单虚拟网络的映射技术。

5. 负载均衡与高可用

负载均衡技术的前提是将多个服务器在逻辑上虚拟成为一个服务设备，然后在该虚拟设备内进行任务调度，以实现负载均衡的目标。高可用技术与之类似，也是将多个设备在逻辑上虚拟成一个设备，并实现对部分成员设备失效的容忍。因此从虚拟化的观点来看，这些技术也可以视为一种多物理网络到单虚拟网络的映射。

负载均衡技术中最著名的软件莫过于 LVS（Linux Virtual Server），它可以将客户请求分派给不同的真实服务器，实现多机并行服务，同时对客户展现为单一 IP 地址上的一个虚拟服务。

高可用网络服务技术中必不可少的一个环节是高可用的静态路由技术，可由虚拟路由冗余协议（Virtual Router Redundancy Protocol，VRRP）实现。VRRP 将局域网的一组路由器组织成一个虚拟路由器，组中包括一个 Master，即活动路由器和若干个 Backup，即备份路由器。Master 实际负责路由工作，其他路由器待命。当 Master 发生故障的时候，VRRP 负责在 Backup 中选举出下一届 Master，并将路由工作自动切换到新 Master。

3.3.3　多物理网络到多虚拟网络的映射技术

多物理网络到多虚拟网络的映射通常是指将多项物理资源汇集成为资源池，然后从池中按需分配虚拟资源给用户使用。例如，将多个物理网络（二层网络）汇集在一起，给租户（用户）分配指定规格的虚拟网络。

以 OpenStack 中的网络虚拟化子系统 Neutron[26]为例，大型的云计算集群可由多个二层网络构成，二层网络之间由路由器和 TCP/IP 连接，形成一个"多对一"的三层网络。Neutron 可以统一管理三层网络资源，并以 VXLAN 协议（基于 UDP）在三层物理网内按需创建虚拟网供租户使用。Neutron 还负责在用户的虚拟网内创建虚拟路由器，使得虚拟网与外界互联网或其他虚拟网之间可以相互通信。

3.3.4　硬件实现的网卡虚拟化

在传统的虚拟化技术中，网卡的虚拟化完全由虚拟机监视器或 Hypervisor 软件来实现[13]，开销较高，性能难以跟上网络设备硬件性能的发展速度。为解决这一类问题，I/O 虚拟化技术应运而生。

网络 I/O 虚拟化方面包含了多项技术，如 PCI-e 总线的虚拟化技术 SR/MR-IOV，Intel 主板芯片组的 VT-d 技术或 AMD 主板芯片组的 IOMMU 技术，Intel 网卡设备的虚拟化技术 VMDc、VMDq 等。这些技术联合起来，在虚拟机监视器/Hypervisor 的协调下，可以将网卡虚拟化的工作几乎全部交给硬件执行。

在理想情况下，物理网卡可以按需创建出虚拟网卡，并将虚拟网卡完全交给虚拟机使用，虚拟机的网络 I/O 操作不用或几乎不用虚拟机监视器/Hypervisor 参与。数据在汇总到物理网卡之后，还可以在物理网卡上进行过滤、排队、排序等操作，以实现原本软件实现的各项功能。微软的一项研究表明，硬件实现的网卡虚拟化最多可将虚拟机内网络通信的 CPU 占用率降低 50%，通信延迟降低 50%，网络吞吐率提高 30%。

3.4　本 章 小 结

本章分别从计算虚拟化、内存虚拟化和网络虚拟化三个角度，介绍了虚拟化的发展历史和研究进展，并阐述了虚拟化在虚拟计算环境中的应用方式。实际上，虚拟化的技术内涵较多，本章无论是在深度上还是在广度上都仅介绍了最基础的内容。尽管如此，通过这些技术，已经能够将互联网上的资源封装成为自主元素，并为后面的资源聚合与协同奠定基础。

参 考 文 献

[1]　Goldberg R P. Architecture of virtual machines. Proceedings of the Workshop on Virtual Computer

Systems, 1973: 74-112.

[2] Bellard F. QEMU, a fast and portable dynamic translator. Proceedings of the USENIX Annual Technical Conference, 2005: 41-46.

[3] Waldspurger C A. Memory resource management in VMware ESX Server. Proceedings of the 5th Symposium on Operating Systems Design and Implementation, 2002: 181-194.

[4] Barham P, Dragovic B, Fraser K, et al. Xen and the art of virtualization. Proceedings of the 19th ACM Symposium on Operating Systems Principles, 2003: 164-177.

[5] LeVasseur J, Uhlig V, Yang Y, et al. Pre-virtualization: Soft layering for virtual machines. Proceedings of the 13th Asia-Pacific Computer Systems Architecture Conference, 2008: 1-9.

[6] Uhlig R, Neiger G, Rodgers D, et al. Intel virtualization technology. IEEE Computer, 2005, 38(5): 48-56.

[7] AMD. AMD64 Virtualization Codenamed "Pacifica" Technology: Secure Virtual Machine Architecture Reference Manual, 2005: 1-124.

[8] Neiger G, Santoni A, Leung F, et al. Intel virtualization technology: Hardware support for efficient processor virtualization. Intel Technology Journal, 2006, 10(3): 167-177.

[9] Russinovich M E, Solomon D A. Microsoft Windows Internals, Fourth Edition: Microsoft Windows Server 2003, Windows XP, and Windows 2000. Redmond: Microsoft Press, 2004.

[10] Adams K, Agesen O. A comparison of software and hardware techniques for x86 virtualization. Proceedings of the 12th International Conference on Architectural Support for Programming Languages and Operating Systems, 2006: 2-13.

[11] Magenheimer D, Mason C, McCracken D, et al. Transcendent memory and Linux. Proceedings of the Linux Symposium, 2009: 191-200.

[12] Schopp J, Hansen D, Kravetz M, et al. Hotplug memory redux. Proceedings of the Linux Symposium, 2005: 151.

[13] Salomie T I, Alonso G, Roscoe T, et al. Application level ballooning for efficient server consolidation. Proceedings of the 8th ACM European Conference on Computer Systems, 2013: 337-350.

[14] Heo J, Zhu X, Padala P, et al. Memory overbooking and dynamic control of Xen virtual machines in consolidated environments. Proceedings of the IFIP/IEEE International Symposium on Integrated Network Management, 2009: 630-637.

[15] Zhao W, Wang Z, Luo Y. Dynamic memory balancing for virtual machines. ACM SIGOPS Operating Systems Review, 2009, 43(3): 37-47.

[16] Gupta D, Lee S, Vrable M, et al. Difference engine: Harnessing memory redundancy in virtual machines. Communications of the ACM, 2010, 53(10): 85-93.

[17] Milos G, Murray D G, Hand S, et al. Satori: Enlightened page sharing. Proceedings of the Conference on USENIX Annual Technical Conference, 2009: 1.

[18] Dong Y, Li S, Mallick A, et al. Extending Xen with Intel virtualization technology. Intel Technology

Journal, 2006, 10(3): 193-203.

[19]　Kim C, Caesar M, Rexford J. SEATTLE: A scalable ethernet architecture for large enterprises. ACM Transactions on Computer Systems, 2011, 29(1): 1.

[20]　Kim C, Caesar M, Rexford J. Floodless in seattle: A scalable ethernet architecture for large enterprises. ACM SIGCOMM Computer Communication Review, ACM, 2008, 38(4): 3-14.

[21]　McKeown N, Anderson T, Balakrishnan H, et al. Openflow: Enabling innovation in campus networks. ACM SIGCOMM Computer Communication Review, 2008, 38(2): 69-74.

[22]　Shieh A, Kandula S, Greenberg A, et al. Seawall: Performance isolation for cloud datacenter networks. Proceedings of the 2nd USENIX Conference on Hot Topics in Cloud Computing, 2010: 1.

[23]　Edwards A, Fischer A, Lain A. Diverter: A new approach to networking within virtualized infrastructures. Proceedings of the 1st ACM Workshop on Research on Enterprise Networking, 2009: 103-110.

[24]　Stephens B, Cox A, Felter W, et al. PAST: Scalable ethernet for data centers. Proceedings of the 8th International Conference on Emerging Networking Experiments and Technologies, 2012: 49-60.

[25]　Sridharan M, Duda K, Ganga I, et al. NVGRE: Network virtualization using generic routing encapsulation. Draft Sridharan Virtualization Nvgre, 2011.

[26]　OpenStack Networking (Neutron). https://wiki.openstack.org/wiki/Neutron.

第 4 章　虚拟资源的分布式管理

资源的成长性、自治性和多样性等自然特性给资源的高效使用带来巨大的挑战。覆盖网（overlay）具有可扩展、延迟低、可靠性高等优点，是实现 iVCE 资源按需聚合的重要途径之一。本章将从虚拟资源的分布式组织、分布式搜索和优化管理几方面，对取得的最新研究成果进行介绍。

4.1　虚拟资源的分布式组织

把一组具有共同兴趣和目标、遵从共同原则的虚拟资源动态组织在一起，同时提供一定的资源信息管理设施，是实现虚拟资源按需聚合的关键。这里把按需聚合的虚拟资源集合称为"虚拟共同体"。由于虚拟资源通常分布在不同的节点上，所以虚拟资源的分布式组织通常指资源所在节点相互之间的通信和拓扑维护。本节将对基于覆盖网的分布式虚拟资源组织技术进行介绍。4.1.1 节介绍覆盖网技术，4.1.2 节分析并讨论覆盖网相关研究，4.1.3 节介绍一个面向高效虚拟资源管理的通用覆盖网组织方法，4.1.4 节介绍基于 Kautz 图覆盖网的高效虚拟资源组织方法。

4.1.1　覆盖网技术

互联网是一个不断成长的开放系统，其覆盖地域不断扩大，大量分布异构的资源动态地更新与扩展，资源的规模及其关联关系不断地成长变化，资源管理的范围难以确定。在动态变化的互联网环境下，如何支持虚拟资源的按需聚合，是一个重要的挑战性问题。

早期的互联网应用通常采用客户端/服务器（C/S）方式实现资源共享，系统中存在一个或少数几个中央服务器，资源共享节点把资源（或资源信息）发布到服务器，资源请求节点到服务器查找所需资源。这种基于 C/S 的方式在企业级应用和早期的互联网应用中获得了巨大的成功。然而，随着互联网的飞速发展，互联网上聚集了大量资源，并且这些资源的数量和能力都在不断增长，使得传统 C/S 方式面临的问题日益突出：大量客户端的资源经常处于空闲状态；服务器容易成为系统可扩展性和性能的瓶颈；并且客户端之间的交互需要通过服务器，效率低下。

在这种背景下，覆盖网（也称为层叠网、对等网、P2P 网络等）技术逐渐引起人们的广泛关注。为了适应互联网资源的成长性、自治性和多样性等特性，研究者提出采用覆盖网实现虚拟资源的组织和搜索。从 2000 年左右开始，覆盖网迅速成为学术界的研究热点。几乎所有著名大学和研究机构都开展了相关研究，众多国际会议也纷纷设立了与覆盖网相关的讨论组。

覆盖网能够基于各节点的局部决策，适应系统规模的不断成长变化以及自治资源的加入或退出，具有可扩展、延迟低、可靠性高等优点。因此，通过覆盖网动态组织虚拟资源并形成相对稳定的资源组织视图，是实现资源高效聚合的重要途径。

覆盖网技术是近年来兴起的一种重要网络计算技术。如图 4.1 所示，P2P 覆盖网是一种构建于 IP 网络之上的逻辑网络结构，上层覆盖网中的一跳路由（从节点 A 到节点 B）可能对应下层 IP 网络中的多跳路由。

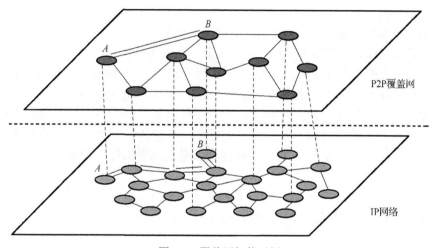

图 4.1　覆盖网拓扑示例

随着互联网的飞速发展，覆盖网已经成为很多互联网应用的基础，如 Gnutella[1]、OceanStore[2]、PPLive[3]、Skype[4]等。这些应用的共同特点是不需要通过中心服务器的中介，即可直接共享各种资源。

目前，覆盖网技术作为一种通用网络计算技术，已经广泛应用于各种领域，主要包括文件共享、分布式存储、分布式数据库、计算资源共享、通信与协作、互联网服务和流媒体视频等。

（1）文件共享。P2P 覆盖网文件共享系统在互联网上进行文件的直接共享和交换，能够充分利用客户端的存储和带宽资源，并且显著降低服务器端的负载。

（2）分布式存储。基于覆盖网的分布式存储系统通过互联网中大量节点的协作，提高了系统的可扩展性和自组织性，从而能够适应互联网的动态环境，支持海量用户和海量数据的存储需求。

（3）分布式数据库。很多研究者提出基于覆盖网实现分布式数据库。例如，本地关系模型（Local Relational Model，LRM）把存储在覆盖网中的所有数据看成由不一致的本地关系数据库组成，这些本地关系数据库由一组定义了转换规则和语义依赖的相识性（acquaintance）连接在一起。基于覆盖网的数据库系统通过数据库查询引擎，能够在上千个节点中支持关系查询。

（4）计算资源共享。基于覆盖网的计算资源共享系统利用互联网上大量闲置节点的计算资源，把计算密集型任务分割成小的单元并分配到各个节点上，各节点独立完成其单元任务并返回结果。

（5）流媒体视频。基于 P2P 覆盖网的流媒体（stream media）视频系统是目前互联网上的热点应用之一。与传统的基于中心服务器的视频系统相比，在流媒体视频系统中绝大多数节点可从其他节点获得视频数据，不需要访问视频服务器，从而减轻了中心服务器的负担。

覆盖网技术是分布式系统中虚拟化资源的基础架构技术，主要包括动态维护与消息路由、资源查询、物理网络适配、负载均衡、安全等功能。

（1）动态维护与消息路由。动态维护是指在允许节点自主加入/退出的情况下，采用分布式算法在节点之间建立逻辑上的连接关系，形成一定的覆盖网拓扑。消息路由是指根据消息的目标字符串，把消息从源节点路由至目标节点。由于动态维护和消息路由是紧密相关的，所以本章将把它们看成一个整体并统称为覆盖网拓扑组织技术（简称为覆盖网组织技术）。覆盖网组织技术是实现虚拟化资源分布式管理的核心关键技术。

（2）资源查询。资源查询（query）又称为资源发现（discovery）或资源定位（location），其作用是为上层应用提供各种复杂搜索的支持，如区间搜索、聚合搜索、Top-k 搜索等。

（3）物理网络适配。物理网络适配主要是指匹配下层物理网络等功能，通过选择网络延迟低的节点作为覆盖网中的邻居节点，进而降低实际的路由延迟。

（4）负载均衡。负载均衡是指针对搜索请求分布不均匀、资源分布不均匀以及各节点负责的资源空间大小分布不均匀等问题，采用虚拟节点（virtual node）或动态分配负载等方法，使负载尽可能均衡地分布到各节点以及节点间连接。

（5）安全。安全是指保护覆盖网不受安全问题如数据窃取、拒绝服务（Denial of Service，DoS）攻击、身份欺骗、虚假信誉等的影响，可靠正常地运行。

根据节点间的逻辑拓扑关系，覆盖网可以分为非结构化（unstructured）覆盖网和结构化（structured）覆盖网两类。

在早期的 P2P 覆盖网中，节点间的逻辑拓扑关系较为松散，资源的放置也与覆盖网的拓扑结构无关，因此称为非结构化覆盖网[5]。很多传统的非结构化覆盖网通常采用泛洪（flooding）或随机漫步（random walk）等方法实现资源查询和共享，效率较低。假设节点 H 共享资源 X，节点 A 需要搜索资源 X，在非结构化覆盖网中一个典型的资源共享过程如图 4.2 所示（实线表示节点间的逻辑连接，虚线表示消息路由）。

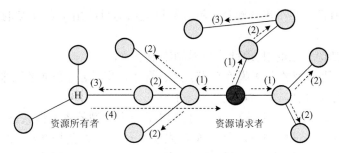

图 4.2　非结构化覆盖网的资源共享过程示例

（1）节点 A 向自己的所有邻居节点广播内容为 X 的查询消息。

（2）节点 A 的每个邻居节点收到查询消息后，首先检查本地是否有资源 X。如果没有则把 TTL（Time To Live）值减 1，若 TTL 值不为 0 则把消息广播给自己的邻居。

（3）每个收到查询消息的节点重复第（2）步。

（4）节点 H 收到查询消息后发现本地有资源 X，于是停止广播，同时向 A 发出一个查询命中消息，完成此次搜索。

非结构化覆盖网的拓扑维护相对简单，容错性较好。但是，非结构化覆盖网的随机特性使其在系统规模较大时无法保证路由性能，因此只适用于结构较为松散、对性能要求不高的系统。针对上述不足，研究者提出了结构化覆盖网，通过特定的拓扑维护算法控制节点间的逻辑拓扑关系，并且采用确定性的路由算法保证任意消息能够在一定延迟内被路由至覆盖网中的唯一节点。大多数结构化覆盖网通常基于分布式哈希表（Distributed Hash Table，DHT）实现，因此也称为 DHT 覆盖网或 DHT。

在结构化覆盖网中，资源共享通常可分为发布（publication）和搜索（search）两个过程。假设节点 A 共享一个关键字为 X 的资源（为行文方便，下面将简称为"资源 X"），一个典型的资源发布过程如图 4.3 所示（实线表示节点间的逻辑连接，虚线表示消息路由）。

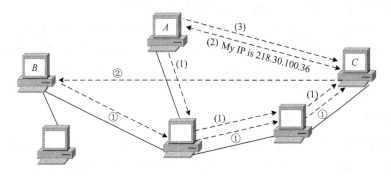

图 4.3　结构化覆盖网的资源共享过程示例

（1）节点 A 首先通过哈希算法把资源 X 映射到资源标识空间：$K = \mathrm{Hash}(X)$，然后

发出一个以 K 为目标字符串的消息，覆盖网将把该消息路由至负责 K 的唯一节点，假设为节点 C。

（2）节点 C 把自己的 IP 地址信息返回给节点 A。

（3）节点 A 进而把资源 X 发布到节点 C。需要指出的是，发布的可能是资源本身，也可能是资源的元信息，后面对此将不进行区分。

假设节点 B 需要搜索资源 X，图 4.3 给出了一个典型的资源搜索过程示例。

（1）与资源发布过程类似，节点 B 首先获取到资源 X 的资源标识空间映射：$K =$ Hash(X)，然后发出一个以 K 为目标字符串的消息，覆盖网将把该消息路由至 C。

（2）节点 C 把资源 X 返回给 B，完成此次搜索。

结构化覆盖网具有可扩展、延迟低、可靠性高等优点，本章将重点对基于结构化覆盖网的虚拟资源组织方法进行介绍。

4.1.2　相关研究

结构化覆盖网通常基于 DHT 实现，在 DHT 覆盖网中，节点间的逻辑拓扑关系通常由确定性的算法控制。每个节点具有一个全局唯一的节点标识（nodeID），覆盖网中的所有节点根据标识形成一个构建于 IP 层之上的拓扑图。每个节点都维护了一个路由表，其中包含邻居节点的路由信息。在消息的路由过程中，中间节点基于消息的目标字符串 K 选择下一跳邻居节点进行转发。无论消息产生于任何节点，DHT 覆盖网的路由算法都能够保证把消息最终路由至覆盖网中负责 K 的唯一节点（称为 K 的负责节点）。

基于结构化覆盖网的资源组织方法的评价参数主要有节点度数、路由延迟和动态维护开销等。节点度数是指覆盖网中各节点的直接邻居数量，在有向图（directed graphs 或 digraphs）中通常为出度（出边邻居数量）和入度（入边邻居数量）的和。路由延迟是指一次路由在覆盖网中经过的逻辑跳步（hop）数。动态维护开销是指节点加入或退出时为维护覆盖网拓扑一致性而产生的维护消息数量。

覆盖网通常基于特定的静态拓扑图进行构建，如环、多维花环（d-torus）、Plaxton 图、蝶网（butterfly）、跳表（skip list）、de Bruijn 图、Kautz 等。本章将把拓扑图中的点称为顶点（简称为点，vertex），以便于与覆盖网中的节点（node）区分。下面将分别介绍基于不同覆盖网的资源组织方法。

1. 基于环拓扑的资源组织

环是最简单的静态拓扑图。连续编号的 N 个点 0、1、…、$N-1$ 由单向边（directed edge）连接构成线性阵列，增加一条从点 $N-1$ 到点 0 的连接即构成环。

1）Chord[6]

Chord 采用环作为其静态拓扑图，节点标识和资源标识都是 $m=160$ 位的二进制字

符串（即 0～2^m-1 的整数），可以分别根据节点的 IP 地址和资源的关键字通过 SHA-1
算法获得。所有节点根据标识的大小构成一个环形的拓扑结构，如图 4.4 所示。

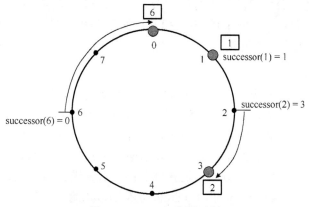

图 4.4　Chord 拓扑图示例

假设资源的关键字为 X（简称为资源 X），Chord 首先对其进行哈希以得到 X 的标
识，令 $K = \text{Hash}(X)$。Chord 进而通过一致性哈希（consistent hashing）算法，把资源 X
发布到 K 在 Chord 环上沿顺时针方向最近的后继节点（successor）。例如，在图 4.4 中
令 $m = 3$，标识为 001 = 1 的资源将发布到节点 1，标识为 010 = 2 的资源将发布到节点
3，标识为 110 = 6 的资源将发布到节点 0。在 Chord 中每个节点都维护了一个路由表，
节点 n 的路由表的第 i 项是值 $n+2^{i-1}$ 在 Chord 环上的后继节点。在消息路由的过程中，
每个中间节点都会把消息转发到路由表中距离 K 最近且不超过 K 的下一跳邻居。

Chord 的节点度数为 $O(\log_2 N)$，路由延迟是 $O(\log_2 N)$，平均路由延迟为 $1/2\log_2 N$，
动态维护开销为 $O(\log_2^2 N)$。

为了提高路由性能,有些研究提出在 Chord 的基础上增加额外的连接和路由信息，
主要包括 Kelips、OneHop 和 Accordion 等。

2）Kelips[7]

Kelips 将覆盖网中的节点分成 k 个组，每个节点通过哈希函数分配到某一个组中，
资源也通过一致性哈希算法发布到某一个组，从而各组中的节点和资源能够均匀分布。
Kelips 的节点和资源命名算法与 Chord 相同。每个节点的路由表包括：①同组中所有
节点的路由信息；②其他各组中常数个节点的路由信息；③同一组节点全部资源的索
引信息。Kelips 把路由消息转发到相应的组中，路由延迟为 $O(1)$，节点度数和维护开
销为 $O(N^{1/2})$。

3）OneHop[8]

OneHop 的节点和资源命名算法与 Chord 相同。OneHop 把标识空间分成多个部分
（slice），每个部分又进一步分成多个单元（unit），每一个部分或单元都有一个头节点

（leader）。节点的动态加入/退出情况通过部分和单元的头节点分发到所有节点。当有节点加入/退出时将通知该节点所在部分的头节点，头节点对一个周期内所有的加入/退出事件进行汇总后分发给所有部分的头节点，进而分发给所有单元的头节点。单元头节点进而采用捎带（piggyback）的方式把节点加入/退出信息分发到单元内所有节点。OneHop 的节点度数和维护开销为 $O(N)$，路由延迟为 $O(1)$。

4）Accordion[9]

通常覆盖网的节点度数是预先设定的，节点度数越高，路由延迟越小，但是维护开销越大。Accordion 提出在给定带宽预算（bandwidth budget）下对节点度数进行动态调整，以获得较好的路由性能。在 Accordion 中，上层应用首先指定一个总的带宽预算，进而在该预算下每个节点尽可能多地增加邻居节点。Accordion 基于小世界（small world）原理，使用 $1/x$ 分布来选择邻居：节点 A 选择与其距离为 x 的节点 B 作为邻居的概率为 $1/x$。Accordion 基于 Pareto 分布函数预测邻居节点失效，在不同的带宽预算下具有不同的路由性能：在节点度数为 $O(logN)$ 时平均路由延迟为 $O(logN)$，与 Chord 类似；在节点度数为 $O(N)$ 时平均路由延迟为 $O(1)$，与 OneHop 类似。

2. 基于多维花环拓扑的资源组织

通过把环扩展到更高的维数，将得到多维花环（d-torus）。一个 d 维 k 元花环由 $N = k^d$ 个点组成，如图 4.5(a)所示，每个点由它的 d 维坐标向量来标识。d 维 2 元花环是一类重要的拓扑图，通常称为 d 维立方体，如图 4.5(b)所示。通过把 d 维立方体各点替换成包括 d 个点的环，将得到 d 维立方体连接环（Cube-Connected-Cycle，CCC），如图 4.5(c)所示，CCC 拓扑图可以看成立方体的扩展。

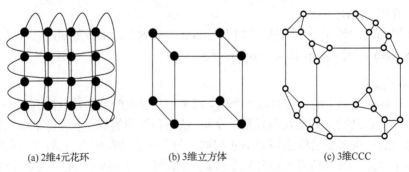

(a) 2维4元花环　　　　　(b) 3维立方体　　　　　(c) 3维CCC

图 4.5　花环、立方体和立方体连接环

1）CAN[10]

CAN（Content Addressable Network）采用多维花环作为其静态拓扑图。CAN 的基本思想是构造一个虚拟的 d 维笛卡儿坐标空间，覆盖网中各节点分别负责虚拟 d 维坐标空间中的一块区域。每个资源映射到 d 维区域中的一点，并且发布到负责该区域的节点上。CAN 中的节点根据其负责区域在坐标空间中的位置来建立邻居关系，负责相邻区域的节点互为邻居。由于坐标空间是 d 维的，所以每个节点有 $O(d)$ 个邻居。

图 4.6 所示的 CAN 采用了二维笛卡儿坐标空间，整个虚拟坐标空间由 5 个节点负责，每个节点负责坐标空间中的部分区域。在消息路由过程中，每个节点根据目标节点的坐标位置，将消息转发给离目标最近的邻居。当节点加入或退出时，相关节点负责的区域会进行拆分或合并。新节点加入时，首先通过哈希函数将节点映射到虚拟空间中的一点，然后将该点所在区域沿某一维拆分成两半，新节点负责其中的一半区域。CAN 采用后台的区域重分配机制来实现负载平衡。CAN 的节点度数为 $O(d)$，路由延迟为 $O(dN^{1/d})$，动态维护开销为 $O(\log_d N)$。

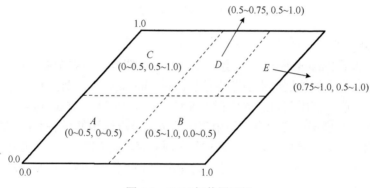

图 4.6　CAN 拓扑图示例

2）Cycloid[11]

Cycloid 采用 CCC 图作为其静态拓扑。如图 4.5(c)所示，CCC 图可以看成各点被环所代替的立方体。在 Cycloid 中每个节点以一个环标号和一个立方体标号共同标识。立方体标号相同的所有节点排列成一个小环，所有小环排列成一个大环。Cycloid 节点通过一个路由表和叶节点集来维护与其他节点的连接。路由表中包括一个立方体邻居和两个大环上的邻居。Cycloid 模拟 CCC 图的路由算法，采用逐位匹配的方式进行路由。节点加入时选择一个小环加入并调整相关节点的路由表。Cycloid 的节点度数为 $O(d)$，路由延迟为 $O(\log N)$，动态维护开销为 $O(\log N)$。

3. 基于 Plaxton 拓扑的资源组织

在 Plaxton 图[12]中，每个点的标识都是一个长度固定的 n 进制字符串，可以通过 SHA-1 算法获得。各点间根据标识前缀匹配（或后缀匹配）的方式进行连接：每个点都是一个 Plaxton 树的根（以后缀匹配为例），树的第 i 层是所有最后 $n–i$ 位标识与根点相同的点。图 4.7 是一个 Plaxton 图的例子。

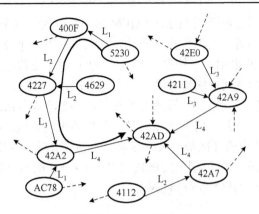

图 4.7　Plaxton 图示例

1）Tapestry[13]

Tapestry 基于 Plaxton 图进行构建。针对 Plaxton 图构建需要全局拓扑信息的问题，Tapestry 节点只需维护邻居节点的路由信息。在 Tapestry 中，节点和资源的标识都是 160 位的二进制值，使用基为 b 的字符串表示（如 $b=16$ 时为 16 进制 40 位字符串）。每个节点维护一个多层的路由表：路由表中第 j 层节点标识的后 $j-1$ 位与本节点标识的后 $j-1$ 位相同；第 j 层共有 b 项，其中第 i 项的第 j 位字符为 i；如果有多个节点标识满足路由表中某一项的条件，则选择延迟最小的节点作为邻居。Tapestry 采用 Plaxton 图基于后缀的消息路由方法：每经过一个中间节点，资源标识与节点标识的后缀匹配位数将增加一位。

Tapestry 的节点度数为 $O(b\log_b N)$，路由延迟为 $O(\log_b N)$，动态维护开销为 $O(b\log_b N)$。Tapestry 的后续版本 Chimera 采用了前缀匹配的方式实现动态维护和消息路由，但是其本质是相同的。

2）Pastry[14]

Pastry 与 Tapestry 类似，也是基于 Plaxton 图进行构建的，但是 Pastry 采用了基于前缀匹配的方式进行动态维护和路由。每个 Pastry 节点维护了一个路由表、一个邻居集和一个叶集。Pastry 路由表与 Tapestry 路由表相似；邻居集包含了与本节点物理延迟最低的 M 个节点，其作用是提高路由性能；叶集包含了与本节点逻辑距离最近的 L 个节点，其作用是实现与物理网络的拓扑匹配。

与 Tapestry 类似，Pastry 的节点度数为 $O(b\log_b N)$，路由延迟为 $O(\log_b N)$，动态维护开销为 $O(b\log_b N)$。在后续研究中人们提出了 Pastry 的各种改进版本，如 MSPastry、Bamboo、OpenDHT 等。

3）Kademlia[15]

Kademlia 的设计与 Pastry 类似，但是 Kademlia 中两个标识之间的距离是用它们的异或（XOR）值而不是差值来衡量的，从而任意两节点之间具有对称的距离。Kademlia

也提供了在多个节点中选择邻居的能力，从而具有较好的容错性和自适应性。Kademlia 的性能与 Pastry 类似。

4. 基于蝶网拓扑的资源组织

一个(k,r)-蝶网[16]包含 $n = kr^k$ 个点，其中 k 和 r 分别称为蝶网的直径和基。点标识的形式为 $(x_0 x_1 \cdots x_{k-1}; i)$，其中 i 表示点所处的层数，$0 \leqslant i \leqslant k-1$，并且 $0 \leqslant x_0, x_1, \cdots, x_{k-1} \leqslant r-1$。在各点标识中，如果 $i \neq k-1$，那么点 $(x_0 x_1 \cdots x_{k-1}; i)$ 到所有形如 $(x_0 x_1 \cdots x_i y x_{i+2} \cdots x_{k-1}; i+1)$ 的点有一条边；如果 $i = k-1$，那么点 $(x_0 x_1 \cdots x_{k-1}; i)$ 到所有形如 $(y x_1 \cdots x_{k-1}; 0)$ 的点有一条边。图 4.8 是一个$(2,2)$-蝶网的示例。

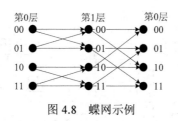

图 4.8　蝶网示例

1）Viceroy[17]

Viceroy 基于蝶网进行构建。Viceroy 将所有节点组织成一个多层的环，每个节点处于某一层中，同一层的节点构成一个双向链表，同时每个节点有两条到下一层中两个随机选取的节点的连接，1 条到上一层节点的连接。Viceroy 中的消息路由可分为三个阶段：首先路由至上一层中的某个节点；然后按照蝶网的路由方式到达目标节点所在的层；最后在同一层中按照双向链表的前驱或后继连接进行路由。

Viceroy 的节点度数为 $O(d)$，路由延迟和维护开销在大概率情况下为 $O(\log N)$，但在某些情况下可能会达到 $O(\log^2 N)$。

2）Ulysses[16]

Ulysses 也是基于蝶网的覆盖网。Ulysses 中节点的标识空间是 k 级平行的 k 维空间，每个节点负责 k 维空间中的一块区域。节点加入时首先随机加入某一级 k 维空间中，并拆分该空间中的区域。各节点按照近似的蝶网拓扑建立邻居关系。在大概率情况下，Ulysses 的节点度数为 $O(\log N)$，路由延迟和维护开销为 $O(\log N/\log\log N)$。

5. 基于跳表拓扑的资源组织

在跳表[18]中，所有节点按照从小到大的顺序排序并构成一个有向链表。令 2^h 为整除 i 的 2 的最大次幂，链表中第 i 个点的高度为 h，有 $h+1$ 个长链，其中第 k（$0 \leqslant k \leqslant h$）个长链指向自己后面的第 2^k 个点。图 4.9 给出了一个跳表的示例。

SkipNet[19]基于跳表进行构建。SkipNet 采用双重地址空间：名字空间和数字 ID

空间。节点名称和资源名称映射到名字空间，而它们的哈希值则映射到数字 ID 空间。如图 4.10 所示，所有节点按照其名称的字典序排序，然后组织成类似于跳表的多层双向链表结构，共有 $O(\log_2 N)$ 层，第 i 层有 2^i 个环，各环标识依次为 0、1、$\cdots$、2^i-1。

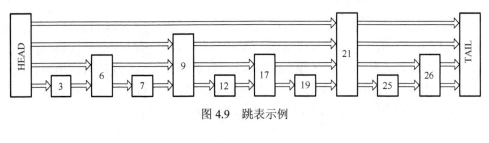

图 4.9　跳表示例

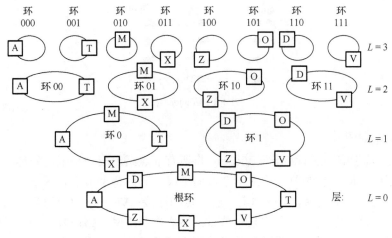

图 4.10　多层 SkipNet 结构示例

每个节点在第 i 层加入以节点数字 ID 标识的前 i 位字符串为标识的环，例如，设 Hash(X)=011，则 X 应依次加入第 0 层的根环，第 1 层的 0 环，第 2 层的 01 环，以及第 3 层的 011 环。一个节点在加入的每个环中选择字典序最近的两个节点作为邻居。在消息路由过程中，首先在第 0 层的根环寻找第一个数字 ID 标识与目标字符串前 1 位匹配的节点，然后在第 1 层的环寻找第一个数字 ID 标识与目标字符串前 2 位匹配的节点，以此类推，直到到达一个与目标字符串距离最近的节点，该节点就是消息的目标节点。SkipNet 的节点度数、路由延迟和动态维护开销均为 $O(\log N)$。

6. 基于 de Bruijn 拓扑的资源组织

de Bruijn 图 $B(d, D)$[20]是一个有向图，其中各点的标识是基为 d、长度为 D 的字符串。每个点 $u = u_1 u_2 \cdots u_D$ 有 d 条出边：对任意 $\alpha \in \{0, 1, 2, \cdots, d-1\}$，点 u 有一条到点 $v = u_2 u_3 \cdots u_D \alpha$ 的出边。图 4.11 给出了一个 de Bruijn 图的示例 $B(2, 2)$。

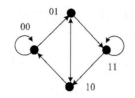

图 4.11　de Bruijn 图的示例

1）Koorde[21]

Koorde 是第一个基于 de Bruijn 图的 DHT 覆盖网。Koorde 采用类似于 Chord 的动态维护机制，但 Koorde 的节点邻居关系模拟了 de Bruijn 图。为了在一个节点稀疏分布的 Chord 环中嵌入 de Bruijn 图结构，Koorde 使用前驱节点来模拟实际不存在的节点。节点 m 的路由表中包括两个邻居：m 的后继节点和 $2m$ 的前驱节点。Koorde 通过沿 Chord 环模拟 de Bruijn 图路由来实现消息路由。Koorde 的节点度数为 $O(1)$，路由延迟为 $O(\log N)$；经过扩展后其节点度数为 $O(\log N)$，路由延迟则减小为 $O(\log N/\log\log N)$。

2）D2B[22]

D2B 基于 de Bruijn 图进行构建。D2B 中节点的标识是动态产生的，每个节点根据其标识建立近似的 de Bruijn 图拓扑。D2B 中的消息路由模拟 de Bruijn 图中的路由进行。D2B 节点度数的期望值是常量，但各个节点的度数差别很大。在大概率情况下，D2B 的节点度数不超过 $O(\log N)$，路由延迟为 $O(\log N)$。

4.1.3　面向高效虚拟资源管理的通用覆盖网组织方法

不同互联网应用对资源的组织拓扑具有不同的要求（如路由延迟低、容错特性好或负载平衡等），导致现有的覆盖网通常基于某种特定的拓扑图，设计专用的虚拟资源组织方法，其设计过程较为复杂，重复工作量大，并且容易出错。针对上述问题，我们在国际上首次提出一种适用于任意正则图（每个点都有相同数目的邻居）的高效覆盖网组织方法：分布式线图（Distributed Line Graph，DLG）变换[23]。

DLG 变换把分布式资源组织的本质抽象为处理资源（或资源所在节点）加入/退出时的拓扑图变换问题，即假设当前覆盖网的拓扑图为 G，如何设计一种分布式算法，能够在增加或删除一个资源（或资源所在节点）时以较小的开销得到新拓扑图 G'，同时还能够保持原图的拓扑性质（如节点度数和路由算法等）。

1. 拓扑图统一描述机制

不同拓扑图通常采用不同的描述方法。为了实现对任意正则图的支持，DLG 首先需要一种拓扑图的统一描述机制。

假设初始图 G_0 是一个正则图，其每个点有 d 条出边并且 $|G_0| = N_0$。令 X 是一个具有 N_0 个字符的字符集合并且 $\forall x \in X$ 满足 $|x|=1$，初始图 G_0 中的 N_0 个点将被依次命名

为 X 中的 N_0 个字符。任意点 $\alpha \in G_0$ 有一个入边字符（in-letter）集合 $\zeta(\alpha)$ 和一个出边字符（out-letter）集合 $\psi(\alpha)$，分别定义如下

$$\zeta(\alpha) = \Gamma_{G_0}^-(\alpha), \quad \psi(\alpha) = \Gamma_{G_0}^+(\alpha)$$

由于图 G_0 是 d-正则图，显然有 $|\zeta(\alpha)| = |\psi(\alpha)| = d$。字符集合 X 中的元素可以是任意字符，如 $\{a,b,c,\cdots\}$ 或 $\{\alpha,\beta,\gamma,\cdots\}$ 等。由于在本章所使用的示例中初始图 G_0 均满足 $|G_0| < 10$，所以将简单地把图 G_0 中的点依次命名为 0、1、$\cdots$、$N_0 - 1$。

基于上述方法，本章将以统一的方式对任意初始图进行描述。例如，图 4.12(a) 是一个标准的 de Bruijn 图 $B(2,2)$，采用统一描述后如图 4.12(b) 所示，并且每个点有一个入边字符集合与一个出边字符集合，如 $\zeta(0) = \{0,3\}$、$\psi(0) = \{0,1\}$。图 4.12(c) 是一个标准的 Kautz 图 $K(2,2)$，采用统一描述后如图 4.12(d) 所示，并且每个点有一个入边字符集合和一个出边字符集合，如 $\zeta(0) = \{2,3\}$、$\psi(0) = \{1,3\}$。

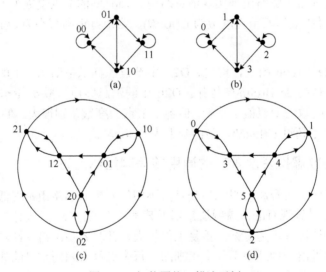

图 4.12　拓扑图统一描述示例

2. DL 迭代与 DL 图

令 $u = u_1 u_2 \cdots u_m$，$v = v_1 v_2 \cdots v_n$，$m \geq n$，定义

$$u \circ v = u_{m-n+1} \circ v = u_{m-n+1} v_1 v_2 \cdots v_n$$

其中，"$\circ$" 为字符串连接操作符。例如，$12 \circ 23 = 123$，$012 \circ 23 = 123$。如果 $[u,v]$ 是图 G 中的一条边，那么可以认为 $u \circ v$ 表示边 $[u,v]$ 的起点和终点信息。

为了实现覆盖网节点的加入和退出，定义 DL（Distributed Line）迭代与 DL 图如下。

定义 4.1　令初始图 $G_0 = (V,E)$ 是一个 d-正则图。一系列图 $G_{i+1} = \mathrm{DL}(G_i, v^{(i)})$，其中 $i = 0,1,2,\cdots$ 并且 $v^{(i)} \in V(G_i)$ 满足

$$\forall u \in \Gamma_{G_i}^-(v^{(i)}) \bigcup \Gamma_{G_i}^+(v^{(i)}), \quad |v^{(i)}| \leqslant |u|$$

称为基为 d 的 DL 图，如果 G_{i+1} 的点集 $V(G_{i+1})$ 和边集 $E(G_{i+1})$ 分别为

$$V(G_{i+1}) = V(G_i) - \{v^{(i)}\} + \{u \circ v^{(i)} \big| u \in \Gamma_{G_i}^-(v^{(i)})\}$$

$$E(G_{i+1}) = E(G_i) - \{[x, v^{(i)}] \big| x \in \Gamma_{G_i}^-(v^{(i)})\} - \{[v^{(i)}, y] \big| y \in \Gamma_{G_i}^+(v^{(i)})\}$$

$$+ \{[u, u \circ v^{(i)}] \big| u \in \Gamma_{G_i}^-(v^{(i)})\} + \{[u \circ v^{(i)}, w] \big| u \in \Gamma_{G_i}^-(v^{(i)}), w \in \Gamma_{G_i}^+(v^{(i)})\}$$

从图 G_i 到图 G_{i+1} 的变换过程称为 DL 迭代。

在 DL 迭代 $G_{i+1} = \mathrm{DL}(G_i, v^{(i)})$ 中，点 $v^{(i)}$ 称为负责点（responsible node）。由上式可知，DL 迭代的负责点必须具有局部最短标识，即负责点的标识长度不大于其直接邻居的标识长度。

令 $i = 0$，假设在 DL 迭代前图 G_i 如图 4.13(a)所示，$v^{(i)}$ 为图 G_i 中的点 1，那么上式所代表的一次 DL 迭代的具体过程如图 4.13(a)～图 4.13(e)所示。

（1）令新图 G_{i+1} 与原图 G_i 相同，即 $G_{i+1} = G_i$，如图 4.13(a)所示。

（2）在新图 G_{i+1} 中删除点 $v^{(i)}$ 以及 $v^{(i)}$ 的所有入边和出边，如图 4.13(b)所示。

（3）对原图 G_i 中负责点 $v^{(i)}$ 的每一条入边 $[u, v^{(i)}]$，在新图 G_{i+1} 中增加一个新点 $u \circ v^{(i)}$，如图 4.13(c)所示。

（4）对新图 G_{i+1} 中的每一个新点 $u \circ v^{(i)}$，增加入边 $[u, u \circ v^{(i)}]$，如图 4.13(d)所示。

（5）对新图 G_{i+1} 中的每一个新点 $u \circ v^{(i)}$，增加出边 $[u \circ v^{(i)}, w]$，其中 $w \in \Gamma_G^+(v^{(i)})$，如图 4.13(e)所示。

图 4.13(f)、图 4.13(g)、图 4.13(h)给出了另外连续 3 个 DL 迭代的例子：$G_2 = \mathrm{DL}(G_1, 4)$、$G_3 = \mathrm{DL}(G_2, 3)$，以及 $G_4 = \mathrm{DL}(G_3, 0)$。从这些例子中可以看出，每个新点 $u \circ v^{(i)} \in G_{i+1}$ 对应原图中负责点 $v^{(i)}$ 的一条入边 $[u, v^{(i)}] \in G_i$。

3. DL+图与 DLG 变换

显然，基为 d 的 DL 图在每次 DL 迭代后将增加 $d-1$ 个点，因此当 $d > 2$ 时 DL 图不是可渐增的，从而不能直接应用于虚拟资源的分布式组织。针对该问题，本书提出一种基于逻辑点合并与分裂机制的 DL+图。如图 4.14(a)所示，令初始图 G_0 为一个 3-正则图 $G_0 = K(3, 2)$。在一次 DL 迭代后得到 $G_1 = \mathrm{DL}(G_0, 1)$，如图 4.14(b)所示，图 G_1 比图 G_0 多两个点。因此，当 $d > 2$ 时 DL 迭代不能直接应用于 DHT 的拓扑构建。需要说明的是，由于与此次 DL 迭代没有直接关系，在图中没有标出点 8、9、10、11。

针对上述问题，把 DL 图中的点称为逻辑点，进而提出逻辑点的合并/分离（merge/split）操作。

假设图 G 是一个基为 d 的 DL 图，图 $G' = \mathrm{DL}(G, v)$，负责点 $v = v_1 v_2 \cdots v_m$。显然在图 G' 中将增加 d 个新点 $\alpha v_1 v_2 \cdots v_m$，其中 $\alpha \in \zeta(v_1)$。按照首字符升序对 d 个新点排序，依次记为 $\alpha_i v_1 v_2 \cdots v_m$，其中 $\alpha_i \in \zeta(v_1)$，$i = 0, 1, \cdots, d-1$。

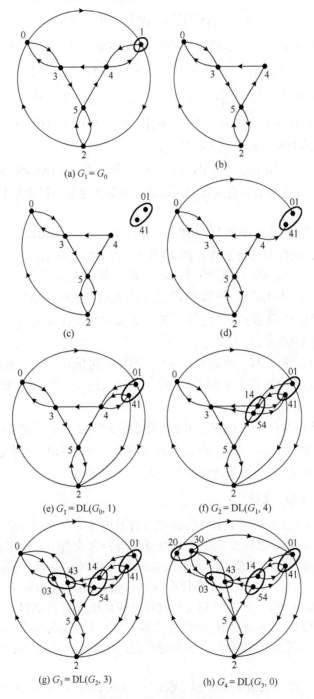

(a) $G_1 = G_0$

(b)

(c)

(d)

(e) $G_1 = \mathrm{DL}(G_0, 1)$

(f) $G_2 = \mathrm{DL}(G_1, 4)$

(g) $G_3 = \mathrm{DL}(G_2, 3)$

(h) $G_4 = \mathrm{DL}(G_3, 0)$

图 4.13 DL 迭代示例

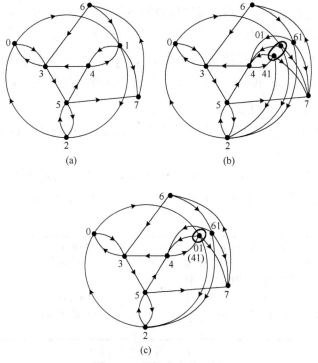

图 4.14　逻辑点合并示例

在 d 个新点中，前一半点具有标识 $\alpha_i v_1 v_2 \cdots v_m$，其中 $i \leqslant \lceil d/2 \rceil$，将合并为一个点 $s = \beta v_1 v_2 \cdots v_m$，其中 $\beta = \alpha_0$；后一半点具有标识 $\alpha_i v_1 v_2 \cdots v_m$，其中 $i > \lceil d/2 \rceil$，将合并为一个点 $t = \beta v_1 v_2 \cdots v_m$，其中 $\beta = \alpha_{\lceil d/2 \rceil+1}$。上述操作称为合并（merge）操作，记为 $G'' = \text{Merge}(G', v)$。在新图 G'' 中，点 s 的入边（或出边）为合并前各点的入边（或出边）的并，即 $\Gamma_{G''}^-(s) = \bigcup \Gamma_{G'}^-(\alpha_i v_1 v_2 \cdots v_m)$，$\Gamma_{G''}^+(s) = \bigcup \Gamma_{G'}^+(\alpha_i v_1 v_2 \cdots v_m)$，其中 $i \leqslant \lceil d/2 \rceil$。同理，点 t 的入边（或出边）为合并前各点的入边（或出边）的并。点 s 和点 t 互称为兄弟邻居（sib-neighbor），每个点最多有一个兄弟邻居，其目的主要是便于节点退出时的处理。

图 4.14 给出了一个合并操作的例子：在图 4.14(b) 中的两个点 01 和 41 合并为图 4.14(c) 中的一个点 01。为了方便，称 s 和 t 为物理点（physical vertex），对应于虚拟资源或虚拟资源所在的节点；而 s 和 t 所包含的点将称为其逻辑点（logical vertex），简称为点，对应于 DL 图中的点。显然，一个物理点与它所包含的逻辑点具有相同的标识长度。把一个物理点 v 所包含的逻辑点个数称为 v 的秩，记为 $[\![v]\!]$。例如，在图 4.14(c) 中有 $[\![01]\!] = 2$。

另一方面，如果在 DL 迭代 $G' = \text{DL}(G, v)$ 前负责点 v 发现其逻辑点个数满足 $[\![v]\!] > 1$，那么一次分裂操作 $G' = \text{Split}(G, v)$ 将取代此次 DL 迭代。令点 $v = \alpha_j v_1 v_2 \cdots v_m$，

分裂操作将把负责点 v 的逻辑点以及逻辑点的边分成两份。负责点 v 将得到前一半标识为 $\alpha_i v_1 v_2 \cdots v_m$ 的逻辑点，其中 $j \leq i \leq j + \lceil \llbracket v \rrbracket / 2 \rceil$ 且 $\alpha_i \in \zeta(v_1)$；一个新的物理点将得到后一半标识为 $\alpha_i v_1 v_2 \cdots v_m$ 的逻辑点，其中 $j + \lceil \llbracket v \rrbracket / 2 \rceil < i < j + \llbracket v \rrbracket$ 且 $\alpha_i \in \zeta(v_1)$，新物理点的标识为 $\beta v_1 v_2 \cdots v_m$，其中 $\beta = \alpha_{j + \lceil \llbracket v \rrbracket / 2 \rceil + 1}$。分裂操作后的物理点 $v = \alpha_j v_1 v_2 \cdots v_m$ 和新物理点 $\beta v_1 v_2 \cdots v_m$ 互为兄弟邻居。

这里把基本 DL 迭代和上述逻辑点合并与分裂操作统称为"DLG 变换"技术。DLG 变换中的负责点 v 应满足

$$\forall u \in \Gamma_G^-(v) \bigcup \Gamma_G^+(v), \ \text{有} \ |v| \lhd |u| \ \text{或} \ (|v| = |u|) \wedge (\llbracket v \rrbracket \geq \llbracket u \rrbracket)$$

由 DLG 变换得到的一系列图称为 DL+图。下面给出了 DLG 变换的具体过程，如图 4.15 所示。

```
Procedure DLG_transition(OldGraph G)                        /*** DLG 变换 ***/
(1) Choose a physical node  v∈V(G)   satisfying  |v|◁|u|      //选择负责点
    or (|v|=|u|)∧(⟦v⟧≥⟦u⟧)  for any  u∈Γ_G⁻(v)∪Γ_G⁺(v)
(2) if (⟦v⟧>1){ G' = Split(G,v); }                           //分裂操作
(3) else { G' = DL(G,v);  G' = Merge(G',v); }                //DL 迭代+合并操作
(4) return  G';
```

图 4.15   DLG 变换的具体过程

DL+图中的点为物理点，而 DL 图中的点为逻辑点。通过把 DL+图中的每个物理点替换为所包含的逻辑点，每个 DL+图有一个对应的 DL 图。显然，如果一个 DL+图中的每个物理点都只包含一个逻辑点，那么该 DL+图与其对应的 DL 图是同构的。如果一系列 DLG 变换的初始图为 d-正则图，那么称初始图、一系列 DL 图和 DL+图具有相同的基 d。

由于每次 DLG 变换只需要负责点 v 的直接邻居信息，并且以任意 d-正则图为初始图的 DL+图都是可渐增的，所以，DLG 变换技术可以应用于虚拟资源的分布式组织。显然，基于 DLG 变换技术构建的拓扑在任意时刻均可抽象为一个 DL+图并对应一个 DL 图。

4. DLG 应用实例

应用 DLG 变换技术可以容易地得到一系列"DHT 族"，把基于不同正则图 X、应用 DLG 变换技术构建的覆盖网称为 DLG-X。图 4.16 给出了分别基于 de Bruijn 图和蝶网构建的覆盖网拓扑图示例：DdB（DLG-de Bruijn）和 DBF（DLG-Butterfly）。

令 d、N_0、D_0 分别为初始正则图的基、节点数和直径，N 为当前覆盖网的节点数，则可以证明，应用 DLG 变换技术构建的覆盖网节点出度为 d，节点入度为 $1 \sim 2d$，平均节点入度为 d，网络直径小于 $2(\log_d N - \log_d N_0 + D_0 + 1)$，资源加入/退出维护开销为 $O(\log_d N)$，每次节点加入/退出时最多有 $3d$ 个节点需要更新路由表。

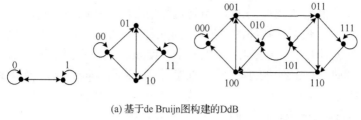

(a) 基于 de Bruijn 图构建的 DdB

(b) 基于蝶网构建的 DBF

图 4.16　应用 DLG 变换技术构建的不同覆盖网

4.1.4　基于 Kautz 图覆盖网的高效虚拟资源组织方法

虚拟资源组织通常基于特定的静态拓扑图，拓扑图的性质对虚拟资源组织的网络直径、（资源所在）节点度数以及负载平衡等有重要影响。

Kautz 图[24]（如图 4.17 所示）是一种具有良好拓扑特性的正则图。对字符串 $\xi = a_1 a_2 \cdots a_D$，若 $a_i \in \{0,1,2,\cdots,d\}$（其中 $1 \le i \le D$）且 $a_i \ne a_{i+1}$（其中 $1 \le i \le D-1$），则称 ξ 是基为 d、长度为 D 的 Kautz 串。Kautz 空间是指所有基为 d、长度为 D 的 Kautz 串的集合。Kautz 图 $K(d, D)$ 是一个有向图，其中各点的标识为 Kautz 空间中的一个 Kautz 串。每个点 $u = u_1 u_2 \cdots u_D$ 有 d 条出边：对任意 $\alpha \in \{0,1,2,\cdots,d\}$ 且 $\alpha \ne u_D$，点 u 有一条到点 $v = u_2 u_3 \cdots u_D \alpha$ 的出边，记为 $[u,v]$ 或 $u \to v$。图 4.17 给出了两个 Kautz 图的示例 $K(2,1)$ 和 $K(2,2)$。

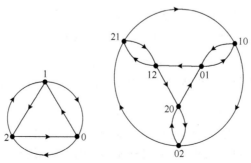

图 4.17　Kautz 图示例

给定顶点个数和最大出度，Kautz 图是直径最小的拓扑图；给定度数和直径，Kautz 图是可容纳顶点个数最多的拓扑图。表 4.1 对几种常见的正则图进行了比较（d 为正则图的基，N 为顶点个数）。从表 4.1 可以看出，Kautz 图具有最优的直径、平均路由延迟和连通度。同时，Kautz 图还具有常量拥塞（constant congestion）、简单路由等特性。然而，Kautz 图的 Kautz 串标识等特点给基于 Kautz 图的动态维护带来严重困难。本章对这些问题进行深入研究，提出两种基于 Kautz 图覆盖网的高效虚拟资源组织方法 FissionE[25]和 DK（DLG-Kautz）[23]。其中，FissionE 是世界上第一个基于 Kautz 图构建的覆盖网，但是只能应用于 $d=2$ 的 Kautz 图；DK 在 FissionE 的基础上采用了前面介绍的 DLG 变换技术，能够应用于任意 d 的 Kautz 图，可以看成 FissionE 的扩展。因此，本节将以 DK 为例，介绍我们在基于 Kautz 图覆盖网的高效虚拟资源组织上取得的成果。

表 4.1　几种常见正则图的比较

正则图	节点度数	直径	平均延迟	连通度
多维花环	$2d$	$1/2dN^{1/d}$	$1/4dN^{1/d}$	d
蝶网	$2d$	$2\log_d N \times (1-o(1))$	$\approx 3/2\log_d N$	d
de Bruijn 图	$2d$	$\log_d N$	$\log_d N-1/(d-1)$	$d-1$
Kautz 图	$2d$	$D=\log_d N-\log_d(1+1/d)$	$D-1/(d+1)$	d

DK 应用前面介绍的 DLG 变换技术实现覆盖网拓扑的动态维护，本节将重点介绍针对 Kautz 图特点设计的高效的资源命名算法、资源-节点匹配策略、容错路由算法以及资源（及其所在节点）动态加入/退出时的资源空间重分配机制等。

1. 节点/资源命名

令 $Z_d = \{0,1,2,\cdots,d-1\}$，定义 Kautz 空间 KSpace($d,k$) 为

$$\text{KSpace}(d,k) = \{x_1 x_2 \cdots x_k \mid x_i \in Z_{d+1}, x_i \neq x_{i+1}\}$$

令图 $G = K(d,D)$ 的点集和边集分别为

$$V(G) = \text{KSpace}(d,D)$$

$$E(G) = \{[x_1 x_2 \cdots x_D, x_2 \cdots x_D \alpha] \mid \alpha \in Z_{d+1}, \alpha \neq x_D\}$$

图 $G = K(d,D)$ 称为基为 d、直径为 D 的 Kautz 图。显然上述定义与本小节开始对 Kautz 图的定义等价。在 DK 的初始拓扑图 $G_0 = K(d,1)$ 中的各点标识依次为 $\alpha^{(i)} \in Z_{d+1}$，其中 $1 \leq i \leq d$，并且任意点 α 的入边字符集合 $\zeta(\alpha)$ 与出边字符集合 $\psi(\alpha)$ 分别为

$$\zeta(\alpha) = \psi(\alpha) = \{\beta \mid \beta \in Z_{d+1}, \beta \neq \alpha\}$$

DK 的资源标识是基为 d、长度为 m 的 Kautz 串，因此，DK 的资源命名算法需要把资源空间均匀地映射到 Kautz 空间 KSpace(d,m)。本章提出一种能够生成以任意 d 为基的 Kautz 串的资源命名算法（KHash），如图 4.18 所示。

```
Procedure KHash(Resource X, Base d, Length m)      /***** 资源命名算法****/
(1) str = Base_hash(X, d);
(2) while ( |str| < m ) {                          //如果 str 的长度小于要求
(3)      rtn_str = Base_hash(str, d);              //调用 Base_hash 过程
(4)      if (str|str| != rtn_str₁) {                //相邻字符不能相同
(5)          str = str • rtn_str } }               // " • " 为字符串连接操作
(6) str = Get_left_string(str, m);                 //取前 m 个字符
(7) return str;


Procedure Base_hash(Resource k, Base b)            /*产生基为 b 的 Kautz 串*/
(1) s = SHA-1(k);                                  //得到二进制字符串
(2) s = Binary_to_b+1(s, b);                       //转换为(b+1)进制
(3) s = Combine_same_neighbor_bits(s);             //合并相同的相邻字符
(4) return s;                                      //返回结果
```

图 4.18　Kautz 串的资源命名算法

2. 资源发布与搜索

传统方法通常采用前缀或后缀匹配（prefix/suffix matching）策略把资源发布到节点上。前缀（或后缀）匹配策略是指，资源 R（对应 Kautz 串为 s）发布到节点 v，当且仅当 v 是 s 的一个前缀（或后缀）字符串。与上述方法类似，DK 提出 Kautz 匹配度（matching index）的概念。

Kautz 匹配度：对任意两个 Kautz 串 $u = u_1 u_2 \cdots u_m$ 和 $v = v_1 v_2 \cdots v_n$，u 和 v 的 Kautz 匹配度 $M(u,v) = i$ 是指 i 的最大取值，其中 $0 \leqslant i \leqslant \min(m,n)$，使得对任意的 $j(1 \leqslant j \leqslant i)$ 有 $u_{m-i+j} = v_j$。例如，$M(10\underline{121}, \underline{012}120) = 4$，$M(10\underline{121}, \underline{12}120) = 3$。

令 DK 的覆盖网拓扑对应 DL 图 G。基于 Kautz 匹配度，DK 提出如下资源-节点匹配策略。资源 R（对应 Kautz 串为 $s = s_1 s_2 \cdots s_r$）应发布到点 $u = u_1 u_2 \cdots u_m \in V(G)$，点 u 满足

$$M(u,s) = |u| \text{ 或 } M(u,s) = |u| - 1 \wedge u_1 = s_*，\text{并且不存在 } u' \in V(G) \text{ 满足 } M(u',s) = |u'| \quad (4.1)$$

其中，$s_* = s_r$（若 $s_r \neq s_1$），或 $s_* = s_{r-1}$（若 $s_r = s_1$）。这里 s_* 取不同的值，是因为 Kautz 串的相邻字符不能相同。

图 4.19 给出了一个资源-节点匹配的例子。假设 DK 覆盖网的初始拓扑图 $G_0 = K(2,1)$。令 $G = K(2,2)$，如图 4.19(a)所示。假设当前 DK 所对应的 DL 图为 $G' = DL(G,10)$，如图 4.17(b)所示。在图 G' 中令点 $u = 010$、点 $u' = 210$，目标 Kautz 串 $t = 010201$、$s = 101201$、$s' = 101202$，那么有如下结论：

（1）由于 $M(u,t) = 3 = |u|$，所以以 t 为目标 Kautz 串的资源将发布到点 u。

（2）虽然 u 和 u' 都满足 $M(u,s) = M(u',s) = 2$，但是由 $s_r = 1 = s_1$ 可知 $s_* = s_{r-1}$，从而 $s_* = 0 = u_1 \neq u'_1$，因此以 s 为目标 Kautz 串的资源将发布到点 u。

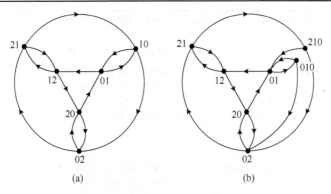

图 4.19　DK 资源-节点匹配示例

（3）同理，$M(u,s') = M(u',s') = 2$，$s'_r = 2 \neq s'_1$，$s'_* = s'_r$，从而 $s'_* = 2 = u'_1 \neq u_1$，因此以 s' 为目标 Kautz 串的资源将发布到点 u'。

令当前覆盖网拓扑对应 DL 图 G，DK 的消息路由算法如下。假设目标 Kautz 串为 $s = s_1 s_2 \cdots s_r$，路由消息路由至某中间节点，该节点在 DL 图 G 中对应的逻辑点为 $u \in V(G)$。那么下一跳逻辑点 $u' \in V(G)$ 应满足 $M(u',s) = M(u,s) + 1$；如果图 G 中不存在这样的点 u'，那么下一跳 $u'' \in V(G)$ 应满足 $M(u'',s) = M(u,s)$ 且 $u''_1 = s_*$，其中若 $s_r \neq s_1$ 则 $s_* = s_r$，否则 $s_* = s_{r-1}$。

上述路由算法如图 4.20 所示。需要说明的是，如果在 DL 图 G 中逻辑点 u 到逻辑点 v 有一条连接，那么在 DK 覆盖网中逻辑点 u 所对应的节点到逻辑点 v 所对应的节点一定有一条连接。按照该路由算法，给定 Kautz 串 s，由任意节点发出的以 s 为目标 Kautz 串的路由消息最终都会到达负责 s 的唯一节点。

```
Procedure Message_routing(PresentNode u, DestString s) /*** DK 路由算法 ***/
(1) if ( M(u,s) =| u | ) {
(2)      return u;}                                     //当前点就是 s 的目标点
(3) elseif ( ∃t ∈ u.OutNeighbors 使得 M(t,s) > M(u,s) ) {
(4)      return t; }                                    //转发给 Kautz 匹配度更大的邻居
(5) elseif ( ∃t' ∈ u.Neighbors 使得 (M(t',s) = M(u,s)) ∧ (t'_1 = s_*) ) {
(6)      return t'; }                                   //转发给 s 的目标点
(7) else {                                              //此时一定有 (M(u,s) =| u |-1) ∧ (u_1 = s_*)
(8)      return u; }                                    //当前点就是 s 的目标点
```

图 4.20　DK 消息路由算法

3．资源重分配

新节点加入时存在两种可能：发生一次 DL 迭代和一次合并操作，或者发生一次分离操作。在分离操作或合并操作过程中，资源重分配可以随着逻辑点的分配而完成。下面将主要介绍 DL 迭代过程中的资源重分配。假设当前 DK 的覆盖网拓扑对应 DL 图 G，一次 DL 迭代 $G' = \mathrm{DL}(G,v)$ 引起的资源重分配过程如下。

令 $v = v_1 v_2 \cdots v_m$，在图 G' 中将产生 d 个新点 $x = \alpha v_1 v_2 \cdots v_m$，其中 $\alpha \in Z_{d+1}$ 且 $\alpha \neq v_1$。假设新点 $x \in V(G')$ 由边 $[t, v] \in E(G)$ 生成，那么根据式（4.1）所示的资源-节点匹配策略，新点 x 将获得如下两类资源：

（1）对点 t 在图 G 中的任意资源 R（令其标识为 r），如果有 $M(x, r) > M(t, r)$，那么 R 将从 t 转移至 x。例如，令 "*" 为代表任意个字符的通配符，在图 4.4(a) 所示的 Kautz 图 $G = K(2, 2)$ 中，所有形如 21* 的资源均由点 21 负责；在图 4.4(b) 所示的 DL 变换 $G' = DL(G, 10)$ 后，上述资源中所有形如 210* 的资源将转移至图 G' 中的新点 210。

（2）对点 v 在图 G 中的任意资源 R（令其标识为 r），显然有 $M(v, r) = M(x, r)$。如果 $\alpha = r_*$，那么 R 将从点 v 转移至点 x。例如，在图 4.18(a) 所示的 Kautz 图 $G = K(2, 2)$ 中，所有形如 10* 的资源均由点 10 负责；在图 4.18(b) 所示的 DL 变换 $G' = DL(G, 10)$ 后，上述资源中所有形如 10*2 或 10*21 的资源将转移至图 G' 中的新点 210，而所有形如 10*0 或 10*01 的资源将转移至图 G' 中的新点 010。

上述节点加入时的资源重分配算法如图 4.21、图 4.22 所示。

Procedure Add_node_and_realloc_resource(ResNode s, NewNode u)	
(1) if ($[\![s]\!] = 1$) {	//如果 s 只有一个逻辑点
(2)　　Generate_lognodes(s); }	//进行 DL 迭代产生新点
(3)　len = $\lceil [\![s]\!] / 2 \rceil$;	//把 s 的逻辑点分成两份
(4)　order$_u$ = $[\![s]\!]$ − len ; order$_s$ = len ;	//设置新节点的秩
(5) for ($i = 0$; $i <$ order$_u$; $i++$) {	
(6)　　u.lognodes[i] = s.lognodes[len + i] ;	//把 s 的后一半逻辑点转移到 u
(7)　　s.lognodes[len + i] = NULL ;	
(8)　　for each $v \in$ u.lognodes[i].Neighbors {	
(9)　　　　Notify(v, u.lognodes[i], u); } }	//通知被转移逻辑点的邻居
(10) u.id = u.lognodes[0].id ;	//u 使用第一个逻辑点 id 为其 id
(11) return;	

图 4.21　资源重分配算法

Procedure Generate_lognodes(ResNode s)	/*** 产生新逻辑点并分配资源 ***/
(1) u = s.lognodes[0] ;	//暂存 s 到 u，注意此时 $[\![s]\!] = 1$
(2) Delete_lognodes(s.lognodes[0]);	//清 0
(3) for ($i = 0$; $i < \Gamma_G^-(u)$; $i++$) {	//对 u 的每个入边邻居
(4)　　t = u.InNeighbor[i] ;	//注意 t 为逻辑点
(5)　　x = t.id ∘ u.id ;	//得到新逻辑点 id
(6)　　if ($x_1 < x_2$) { $j = x_1$;} else { $j = x_1 - 1$;}	//对新点排序
(7)　　if (s.lognodes[j] == NULL) {	//如果 s 中该逻辑点还为空
(8)　　　　s.lognodes[j].id = x ;	
(9)　　　　for each $R \in$ u.Resources {	//需要进行资源重分配
(10)　　　　　r = KHash(R, d, 100) ;	//资源命名
(11)　　　　　if ($x_1 = r_*$) {	//x 应负责资源 R
(12)　　　　　　Allocate_resource(R, u, s.lognodes[j]); } }	

图 4.22　逻辑点生成算法

```
(13)        s.lognodes[i].OutNeighbors = u.OutNeighbors ;
(14)        for each w ∈ u.OutNeighbors {//通知出边邻居
(15)            w.InNeighbors = w.InNeighbors + {s.lognodes[i]} ; } }
(16)    s.lognodes[i].InNeighbors = s.lognodes[i].InNeighbors + {t} ; //入边邻居
(17)    t.OutNeighbors = t.OutNeighbors + {s.lognodes[i]} ;            //通知入边邻居
(18)    for each R ∈ u.Resources {                                     //需要进行资源重分配
(19)        r = KHash(R, d, 100) ;                                     //资源命名
(20)        if ( M(x, r) > M(u.id, r) ) {                              //x 应负责资源 R
(21)            Allocate_resource(R, u, s.lognodes[j]; } } }
(22) s.id = s.lognodes[0].id;                                         //s 使用第一个逻辑点 id 为其 id
(23) return;
```

图 4.22 逻辑点生成算法（续）

4.2 虚拟资源的分布式搜索

随着互联网技术的发展，越来越多的上层应用要求下层覆盖网能够提供更加复杂的虚拟资源搜索能力，如区间查询、Skyline 查询、聚合查询等。高效的分布式索引结构是实现低延迟、低开销、负载平衡的资源搜索的关键。4.2.1 节介绍分布式资源搜索的功能和性能需求，4.2.2 节介绍分布式资源搜索相关研究工作，4.2.3 节、4.2.4 节、4.2.5 节分别介绍虚拟资源的区间查询、Skyline 查询和聚合查询。

4.2.1 资源搜索

覆盖网的消息路由功能提供了精确匹配（exact-match）的资源查询能力。然而，随着互联网技术的发展，越来越多的上层应用要求下层覆盖网能够提供更加复杂的资源查询能力，例如，搜索"Memory ≥ 2GB"且"CPU ≥ 1GHz"的内存提供者（区间查询，range query），查询"Reputation ≥ Score80"的可信节点数量（聚合查询，aggregation query）等。针对互联网资源的成长性、自治性和多样性等特点，基于覆盖网的复杂查询应满足如下要求：

（1）低延迟。延迟是复杂查询的重要性能参数，基于覆盖网的复杂查询在查询类型、资源空间大小、资源空间维数（即资源属性个数）以及覆盖网规模等多方面存在广泛差异，给实现低延迟的复杂查询带来困难。

（2）低开销。复杂查询的消息开销对互联网应用的可扩展性具有重要影响，各种复杂查询必须考虑消息开销的限制。

（3）动态负载平衡。互联网应用的负载通常是不均衡的，并且可能随着时间的推移而发生变化，动态负载平衡是实现复杂查询的难点之一。

高效的分布式索引是实现低延迟、低开销、负载平衡的复杂查询的关键。目前关于覆盖网索引结构的研究可以分为如下两类：有些研究基于现有 DHT 的拓扑维护和

消息路由功能构建分布式索引，通常称为分层（layered）方法；另一些研究则为实现
高效索引而设计专门的覆盖网，通常称为定制（customized）方法。由于分层方法不
需要修改下层覆盖网，并且具有易于集成和错误隔离等优点，本章重点对分层的覆盖
网索引构建技术进行研究。

4.2.2　相关研究

在现有研究中，基于结构化覆盖网的复杂查询主要包括区间查询[26]、聚合查询[27]
和 Skyline 查询[28]等。区间查询是指搜索属性值处于某一连续区间内的所有资源。聚
合查询是指对一组资源某些属性聚合信息（如 Count、Sum、Max、Average 和 Median
等）的查询。Skyline 查询是指从一个给定的集合 S 中选择一个子集，该子集中的任意
一个点都不能被 S 中的其他点所控制，控制关系是指如果点 p 至少在某一维上优于点
q，而在其他维上都不比 q 差，则称 p 控制 q。本节将对支持上述复杂查询的分布式索
引构建技术进行概述。

文献[29]在 Chord 的基础上通过位置敏感的哈希算法（Locality Sensitive Hashing,
LSH）[30]来获得属性值区间的标识，并基于 Chord 的消息路由功能构建分布式索引。
LSH 算法只能保证相似的区间在一定概率下映射到 Chord 环中相同或相近的节点上，
从而基于 LSH 的查询只能在一定概率下符合查询条件，不能确定性地返回满足查询条
件的所有结果。

Squid[31]采用 Hilbert 空间填充曲线（Space-Filling Curve, SFC）[32]技术，将资源
的多个属性值映射到 Chord 环中的节点，然后通过 Chord 的路由功能进行资源发布。
Squid 利用 SFC 的层次递归特性将索引树嵌入 Chord 中，进而提供多属性区间查询能
力。但是，Squid 区间查询的每一步搜索都会引起 Chord 中的一次 DHT 路由，因此其
查询延迟和消息开销较大。

文献[33]采用与 Squid 类似的 SFC 技术，将一维属性反向映射到 CAN 中 d 维空间
的一个区域，基于 CAN 实现了一种分布式索引，进而支持简单的单属性区间查询。
查询区间[l, u]时，首先基于 CAN 的路由功能将查询请求发送到负责属性值($l+u$)/2 的
节点，然后从该节点开始向周围与此次查询相关的节点进行有向受限泛洪广播（Directed
Controlled Flooding, DCF）。这种方法的查询延迟随着查询区间的增大而显著增加。

SkipNet[19]采用双重地址空间，并把节点名称和资源名称直接映射到名字空间。通
过根据属性值命名资源并在名字空间中构建链表索引，SkipNet 能够支持单属性区间
查询。在 SkipNet 链表索引的基础上，SCRAP[34]采用 SFC 技术提供了多属性区间查询
能力。

PHT[35]提出一种类似于二叉树的前缀哈希树（Prefix Hash Tree）索引结构。如
图 4.23 所示，前缀哈希树中的每个节点维护了最多 m 个资源的信息，树的高度与资
源的总数和分布相关。PHT 支持多种复杂查询。例如，在进行区间查询时，首先将多
维区间转换成二进制字符串的集合，然后在前缀哈希树中进行由根向下的搜索。

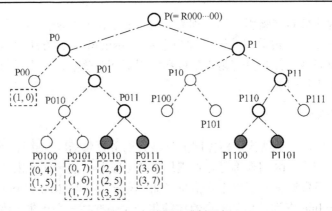

图 4.23　前缀哈希树示例

P-tree[36]在多个分布的节点之间建立类似于 B$^+$树[37]的分布式索引结构，每个节点维护 B$^+$树索引的一部分。基于上述结构，P-tree 提供了单属性区间查询能力，平均节点度数为 $O(d\log_d N)$，平均区间查询延迟为 $O(\log_d N)$。

RAQ[38]把每个节点都看成区间中的一点，在覆盖网中构建类似于传统数据库中 R-tree 的索引树。索引树的每个叶节点都是 DHT 中的一个节点，各节点维护了到索引树中所有其他子树的路由信息。

Mercury[39]为每种资源属性建立一个虚拟 Hub 索引结构，同一个 Hub 中的全部节点形成一个环形拓扑。每个节点属于一个虚拟 Hub，负责此虚拟 Hub 中一段连续的属性值。Mercury 对节点负载进行动态随机采样，轻负载节点将加入负载较大的虚拟 Hub 中，从而促进系统的负载均衡。Mercury 支持区间查询，其节点度数为 $O(d)$，区间查询延迟为 $O(1/d \times \log^2 N)$。

分布式概略系统信息服务（Distributed Approximative System Information Service，DASIS）[27]基于 Kademlia[15]提出一种聚合树结构。在 DASIS 中，节点 $b_1 b_2 \cdots b_k$ 负责所有标识为 $b_1 b_2 \cdots b_{k-1}$ 的节点信息的聚合，然后把聚合信息发送给节点 $b_1 b_2 \cdots b_k b_{k+1}$。给定字符串 s，DASIS 支持对标识前缀为 s 的节点个数进行查询，从而能够根据节点在标识空间的分布情况来选择新加入节点的标识，进而获得较好的负载平衡特性。

CONE[40]基于 Chord[6]实现了 Max 聚合树。假设节点标识为 m 位字符串，则 CONE 维护了一个 $m+1$ 层的树索引：第 0 层只有一个节点，标识为空，第 i 层（$i=1,2,\cdots,m$）有 2^i 个节点，标识为 $a_1 a_2 \cdots a_i$（$a_j = 0$ 或 1 且 $0 \leqslant j \leqslant i$）。每个节点 A 记录了聚合树中与 A 同层并且标识互补（如标识 000 的互补标识为 001）的节点 IP 地址（注意不是 DHT 逻辑地址）。两个标识互补的节点通过直接交互来确定它们所代表的子树的 Max 值，并聚合到上层以其标识为前缀的节点。在第 0 层的根节点将得到全局的 Max 值。在 CONE 中 Max 聚合的平均查询延迟为 $O(\log N)$，每次查询最多产生 $O(m)$ 个消息。

SOMO（Self-Organized Metadata Overlay）[41]可以基于任意 DHT 模拟各种索引结构（如链表、二进制树、队列等），其基本思想是：如果在某数据结构中对象 a 有一个

指向对象 b 的指针，那么在 SOMO 中对象 a 将记录对象 b 的标识以及在 DHT 中负责对象 b 的节点 IP 地址。SOMO 基于上述索引结构实现了信息的聚合与分发。令树的分枝因子为 k，SOMO 的信息聚合与分发延迟都为 $O(\log_k N)$，树的维护开销为 $O(\log_k N)$。

Willow[42]基于 Kademlia[15]实现了聚合树结构。与 CONE 类似，假设节点标识为 m 位字符串，则 Willow 维护了一个 $m+1$ 层的树，树中各节点的子树称为域。Willow 基于 Plaxton 路由的层次特性对域内信息进行聚合，并通过 SQL 语句指定聚合查询，如 "SELECT MAX (load) AS maxload" 将聚合所有节点的最大负载信息并记录在 maxload 变量中。Willow 提供了一种 Zippering 机制，能在 $O(\log N)$ 时间内修复断分（disjoint）或损坏（broken）的树。

SDIMS[43]基于 Pastry[14]实现了聚合树并支持多种聚合查询功能。在 SDIMS 中，每个节点的本地信息以元组<属性类型, 属性名称, 属性值>的形式保存，例如，<configuration, numCPUs, 16>或<file stored, foo, myIPAddress>等。每个属性类型关联一种聚合函数。每个<属性类型, 属性名>对应一个聚合树，以 $k = $ Hash(属性类型, 属性名)为根，按照 Pastry 的路由层次进行组织。针对不同属性的读写频率不同的情况，SDIMS 允许上层应用指定属性的更新策略，包括 Update-Local（只更新本地信息）、Update-Up（沿聚合树更新至根节点），以及 Update-All（更新所有节点）等，并且设计了相应的聚合查询策略。由于在聚合层的重配置开销过高，SDIMS 允许上层应用对重配置的频率进行设置。

DSL[44]基于 CAN[10]提出一种支持逐步返回结果的分布式索引，进而实现了受限（constrained）Skyline 查询。SSP[45]和 iSKY[46]分别在 BATON[47]的基础上实现了 Skyline 查询。其他支持复杂查询的覆盖网索引构建技术包括 SWORD[48]、LHT[49]、P-Ring[50]等。

4.2.3　区间查询

与精确匹配查询相比，在复杂查询中虚拟资源的表示不再是关键字（如文件名或文章作者等），而是处于多维空间内的数值点（data point）。支持各种复杂查询的关键是高效地实现从资源空间到节点空间的映射以及相应的分布式索引结构。针对上述需求，本节提出一种平衡 Kautz（Balanced Kautz，BK）树[26]索引构建技术。

1.　多维资源空间到 Z 曲线的映射

假设资源 $\boldsymbol{X}$ 有 m 个属性 $X_i = x_i$，其中 $0 \leqslant i < m$，那么资源 $\boldsymbol{X}$ 将被表示为向量 $\boldsymbol{X} = <x_0, x_1, \cdots, x_{m-1}>$。令各属性 X_i 的取值范围为 $x_{i(\min)} \leqslant X_i < x_{i(\max)}$，记为 $X_i \in [x_{i(\min)}, x_{i(\max)})$。首先以一个 k 位 d 进制数 x_i' 来表示各属性值 $X_i = x_i$，并进行如下标准化（normalization）处理

$$x_i' = \left\lfloor \frac{x_i - x_{i(\min)}}{x_{i(\max)} - x_{i(\min)}} \times (d^k - 1) \right\rfloor$$

　　显然，对标准化后的任意属性值 x_i' 均有 $0 \leqslant x_i' < d^k$，从而任意资源均被标准化为 m 维立方体空间 $\{[0,d^k),[0,d^k),\cdots,[0,d^k)\}$ 中的一点。因此，不失一般性，下面将简单地认为各维属性的取值范围均被标准化为 $[0,d^k)$：对任意资源 $\boldsymbol{X} = <x_0,x_1,\cdots,x_{m-1}>$ 有 $0 \leqslant x_i < d^k$，其中 $0 \leqslant i < m$。

　　下面通过 Z 曲线（Z-curve）实现多维属性值的线性化（linearization）。假设资源 $\boldsymbol{X}$ 共有 m 个属性，$X_i = x_i$，其中 $0 \leqslant i \leqslant m-1$。令 x_i 为形如 $x_{i0}x_{i1}\cdots x_{i(k-1)}$ 的 k 位 d 进制字符串，定义从 m 维资源空间到 1 维空间的 Z 映射（Z-mapping）如下

$$Z(\boldsymbol{X}) = x_{00}x_{10}\cdots x_{(m-1)0}x_{01}x_{11}\cdots x_{(m-1)1}\cdots x_{0(k-1)}x_{1(k-1)}\cdots x_{(m-1)(k-1)}$$

　　通过上述 Z 映射得到的一维空间 $[0,d^{km})$ 称为 Z 空间或 Z 曲线，Z 空间中的点 $Z(\boldsymbol{X})$ 称为 Z 地址（Z-address）。显然 $Z(\boldsymbol{X})$ 是一个 km 位 d 进制字符串并且满足 $0 \leqslant Z(\boldsymbol{X}) \leqslant d^{km}-1$。通过上述方式，标准化后的 m 维资源空间被映射到 1 维 Z 曲线 $[0,d^{km})$，并且每个资源 $\boldsymbol{X}$ 映射为 Z 曲线上的一个整数 $Z(\boldsymbol{X})$。

　　令 $d=2,m=2,k=3$，图 4.24 展示了一个 Z 曲线的例子，其中有两个资源 $\boldsymbol{X} = <2,4> = <010,100>$，$\boldsymbol{Y} = <5,6> = <101,110>$。有 $Z(\boldsymbol{X}) = 011000 = 24$，$Z(\boldsymbol{Y}) = 110110 = 54$。显然，$Z$ 映射是可逆（reversible）的，从而可以通过资源的 Z 地址计算它们在 m 维空间中的原始值。

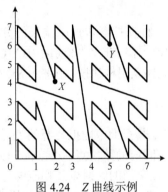

图 4.24　Z 曲线示例

2. Z 曲线到 DK 节点空间的映射

　　通过 Z 曲线实现多维资源空间到一维 Z 空间的映射后，一种实现一维 Z 空间到节点空间映射的方法是把 Z 曲线直接映射到 Kautz 空间，然后基于 DK 的资源-节点匹配策略把 Z 曲线"分配"给覆盖网中的所有节点。图 4.25 给出了一个把图 4.24 所示的 Z 曲线映射到 Kautz 空间 KSpace(2, 2)的例子。在该映射中，由于 KSpace(2, 2)中共有 6 个 Kautz 串（01、02、10、12、20、21），Z 曲线被等分成 6 份，每一份对应一个 Kautz 串。例如，在图 4.24 所示的 Z 曲线上点 $\boldsymbol{X}=<2,4>$ 被映射到 Kautz 串 10，点 $\boldsymbol{Y}=<5,6>$ 被映射到 Kautz 串 21，它们进而被映射到负责 Kautz 串 10 和 21 的 DK 节点上。

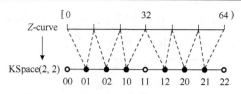

图 4.25　Z 曲线直接映射到 Kautz 空间

然而，上述方法存在如下问题：只有当资源的 Z 映射值均匀地分布于 Z 空间，也就是资源均匀地分布于 m 维资源空间时，资源才能被均匀地映射到 DK 节点空间。由于互联网资源的分布通常是不均匀的，所以上述方法不能满足互联网应用的负载均衡需求。例如，假设在图 4.25 所示的 Z 曲线中所有资源的 Z 映射值都在[0,32)区间内，那么所有资源都将被映射到负责 Kautz 串 01、02 和 10 的 DK 节点上，从而导致整个网络中的负载分布不均衡。上述问题在负载发生动态变化的情况下将更加严重。

针对该问题，应用前缀哈希树（Prefix Hash Tree，PHT）技术把 DK 节点组织成可以动态调整的 BK 树结构，能够根据负载的分布情况增加或减少负责某段 Z 曲线的节点数，从而实现动态的负载平衡。

BK 树中的每个节点 A（包括叶节点和内部节点）负责一个多维资源空间 S，令该多维空间中所有可能的资源 Z 映射值的共同前缀为字符串 s，称 A 对应一个字符串 s，并使用 KHash(s) 作为节点 A 的标识。根节点处于第 0 层，其字符串和标识均为空，负责整个多值空间 $0 \leq X_i < d^k$，其中 $0 \leq i < m$，记为 $[0, d^k]^m$。显然所有资源均属于根节点所负责的多维空间。假设在 BK 树中第 h 层的节点 A 对应字符串 s 并标识为 KHash(s)，那么节点 A 将负责一个多维资源空间 S，其中任意点 Y 均满足字符串 s 为 $Z(Y)$ 的前缀。

BK 树中的每个内部节点有 d 个子节点，d 称为 BK 树的基。假设 BK 树的第 h 层有一个内部节点 A，假设 A 对应字符串 s 并且有 d 个子节点 B_j（$0 \leq j < d$），那么子节点 B_j 将对应字符串 $s \bullet j$（这里 "$\bullet$" 为字符串连接操作符），并且以 KHash($s \bullet j$) 作为其节点标识。显然，B_j 对应的字符串 $s \bullet j$ 比父节点 A 对应的字符串 s 多一个字符。令 $i = h \bmod m$，上述过程将使节点 A 的 m 维资源空间中第 i 维被均匀划分成 d 等份，其他各维保持不变，从而得到 d 个子空间并分配给 d 个子节点 B_j。

需要说明的是，在 BK 树中所有节点的标识 KHash(*) 均为 Kautz 串。为了区分 BK 树中的节点和 DK 覆盖网中的节点，下面将把 BK 树中的节点称为 "树节点"，包括内部节点（inner node）和叶节点（leaf node）。

资源 X 将发布到 BK 树的一个叶节点上，该叶节点负责 X 所在的资源空间。为了保持负载平衡，每个叶节点最多容纳 MAX 个资源。例如，当处于第 h 层的叶节点 A 所对应的资源数超过 MAX 时，A 将按照前面介绍的规则生成 d 个子叶节点，并根据各资源 Z 映射值的前缀把所有资源分配给各子叶节点：资源 X 分配给子叶节点 B，当且仅当 B 所对应的字符串 s 为 $Z(X)$ 的前缀。节点 A 则变为内部节点，不再负责任何资源，同时节点 A 将在其路由表中增加 d 个连接，每个连接指向一个子叶节点。上述资源空间到 BK 树的映射算法（Z-Hash）如图 4.26 所示。

```
Procedure Z-Hash(Object X)                      /***** 资源空间映射 *****/
(1) z = Z(X);                                   //得到 Z 映射值
(2) A = GetCorrespondLeaf(z);                   //查找对应字符串为 z 前缀的叶节点
(3) s = GetString(A);                           //得到叶节点 A 对应的字符串
(4) PubToLeaf(X, A);                            //把 X 暂时发布到 A
(5) n = NumOfObjects(A);                        //得到叶节点 A 当前容纳的资源数
(6) if (n > MAX) {                              //需要分裂成多个子叶节点
(7)      GenerateChildren(A);                   //产生 d 个子叶节点
(8)      AddLinks(A);                           //增加到子节点的连接
(9)      l = Length(s);                         //得到 A 对应字符串的长度
(10)     for each Y∈Object(A) {                 //对 A 的每个资源 Y
(11)         j = Z(Y)_{l+1};                    //得到标识的第 l+1 个字符
(12)         B = s • j;                         //得到负责 Y 的子叶节点
(13)         str = KHash(B);                    //得到负责节点
(14)         HandOver(Y, str); } }              //把 Y 转移到 B 在 DK 中的负责节点
(15) return;
```

图 4.26　资源到 DK 节点的映射

如果由于节点退出等原因造成 d 个子叶节点所维护的资源总数小于 MAX，那么这些资源将再次转交给父节点 A，同时 A 将变为一个叶节点。该过程可以看成图 4.26 中第（7）～（14）行的逆操作。显然，DK 树保证每个树节点最多负责 MAX 个资源，从而在资源分布不均匀甚至发生动态负载变化的情况下仍然能够实现节点间的负载均衡。

除了根节点以外，在 BK 树中的每个树节点 T 均由一个 DK 节点模拟，该节点是 Kautz 串 KHash(T) 在 DK 覆盖网中的负责节点。BK 树通过 DK 提供的消息路由功能，可以迅速定位到任意树节点，进而支持各种复杂查询的实现。

3. 基于 BK 树实现区间查询

区间查询是指搜索属性值处于某一连续区间内的所有资源。这里将基于 BK 树实现一种高效的区间查询（Efficient Range Query，ERQ）方法。

令资源 X 为 m 维空间中的一点，假设查询区间为 m 维空间中的一块连续区域 $x_i^{(1)} \leqslant X_i < x_i^{(2)}$，其中 $0 \leqslant i < m$。使用 $[X^{(1)}, X^{(2)})$ 表示上述查询区间，其中 $X^{(1)} = <x_i^{(1)}>$，$X^{(2)} = <x_i^{(2)}>$，$0 \leqslant i < m$。令 $Z_{min} = Z(X^{(1)})$，$Z_{max} = Z(X^{(2)})$，令 CommonPrefix(Z_{min}, Z_{max}) 表示 Z_{min} 和 Z_{max} 的共同前缀。为了实现高效的区间查询，ERQ 的处理过程分为如下两个阶段：①定位 BK 树中 CommonPrefix(Z_{min}, Z_{max}) 对应的树节点 A；②从 A 开始向下进行剪枝搜索。

为了充分利用对各属性的限制条件以减小搜索范围，在多维空间中进行区间查询

时，首先需要定位在 BK 树中负责 CommonPrefix(Z_{min}, Z_{max})的树节点。需要注意的是，该树节点可能为 BK 树的内部节点。

令 CommonPrefix(Z_{min}, Z_{max}) = $z_1z_2\cdots z_p$，那么负责该前缀的树节点所对应的字符串 s 共有 p 种可能，分别为 z_1、z_1z_2、$\cdots$、$z_1z_2\cdots z_p$。一种简单的定位该树节点的方法是沿 BK 树自底向上依次检查 p 种可能的字符串，也就是按照 $z_1z_2\cdots z_p$、$z_1z_2\cdots z_{p-1}$、$z_1z_2\cdots z_{p-2}$、$\cdots$的顺序查找，直到找到负责某个字符串的树节点。假设在 DK 覆盖网中共有 N 个节点，上述方法最多需要 $p \leqslant \log_d N$ 次查找才能定位到负责 CommonPrefix(Z_{min}, Z_{max}) 的树节点。

为了提高树节点的查找速度，ERQ 对上述方法进行改进，采用类似于二分搜索的方法实现并行查找。令 $a = \lceil p/d \rceil$，ERQ 首先发出 d 个查询消息，同时检查 d 个树节点（分别负责 $z_1z_2\cdots z_a$、$z_1z_2\cdots z_{2a}$、$\cdots$、$z_1z_2\cdots z_{da}$）是否存在。如果有树节点存在，则具有最长标识的树节点就是负责 CommonPrefix(Z_{min}, Z_{max})的树节点。否则令 $b = \lceil a/d \rceil$，ERQ 将再次发出 d 个查询消息，同时检查 d 个树节点（分别负责 $z_1z_2\cdots z_b$、$z_1z_2\cdots z_{2b}$、$\cdots$、$z_1z_2\cdots z_{db}$）是否存在。以此类推，最多需要 $\log_d p \leqslant \log_d \log_d N$ 次查找即可定位负责 CommonPrefix(Z_{min}, Z_{max})的树节点。上述定位算法（d-Search）如图 4.27 所示。需要说明的是，如果覆盖网的带宽允许同时测试 p 个可能的字符串 z_1、z_1z_2、$\cdots$、$z_1z_2\cdots z_p$，那么只需一次搜索即可定位到 BK 树中负责 CommonPrefix(Z_{min}, Z_{max})的树节点。

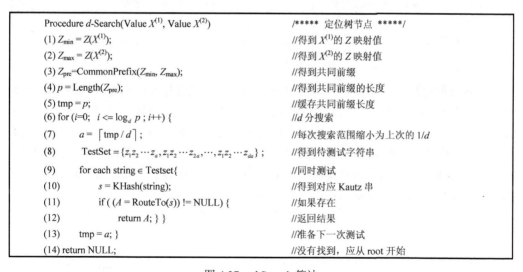

```
Procedure d-Search(Value X(1), Value X(2))              /***** 定位树节点 *****/
(1) Zmin = Z(X(1));                                    //得到 X(1)的 Z 映射值
(2) Zmax = Z(X(2));                                    //得到 X(2)的 Z 映射值
(3) Zpre=CommonPrefix(Zmin, Zmax);                     //得到共同前缀
(4) p = Length(Zpre);                                  //得到共同前缀的长度
(5) tmp = p;                                           //缓存共同前缀长度
(6) for (i=0;  i <= logd p ; i++) {                    //d 分搜索
(7)       a = ⌈tmp / d⌉ ;                              //每次搜索范围缩小为上次的 1/d
(8)       TestSet = {z1z2…za,z1z2…z2a,…,z1z2…zda} ;    //得到待测试字符串
(9)       for each string ∈ Testset{                   //同时测试
(10)          s = KHash(string);                        //得到对应 Kautz 串
(11)          if ( ( A = RouteTo(s) != NULL) {          //如果存在
(12)              return A; } }                         //返回结果
(13)      tmp = a; }                                    //准备下一次测试
(14) return NULL;                                        //没有找到，应从 root 开始
```

图 4.27　d-Search 算法

定位到负责 CommonPrefix(Z_{min}, Z_{max})的树节点（设为 A）后，如果 A 为叶节点，那么在负责 A 的 DK 节点即可处理区间查询请求；否则需要从内部节点 A 开始沿 BK 树向下进行剪枝搜索。

对 B 的每个子节点 C，检查 C 所负责的 m 维资源空间是否与查询区间有交集。

如果有交集，那么将把区间查询消息发送给 C，否则将不再搜索 C 及其子树的所有节点。

完整的 ERQ 区间查询算法（ERQ-Search）如图 4.28 所示。

```
Procedure ERQ-Search(Value X⁽¹⁾, Value X⁽²⁾)      /***** ERQ 区间查询算法 *****/
(1) A = d-Search(X⁽¹⁾, X⁽²⁾);                      //定位树节点
(2) if (A==NULL) {return; }                       //如果定位失败，返回
(3) if (A is a leaf node) {                       //如果是叶节点
(4)      LocalSearch(X⁽¹⁾, X⁽²⁾);                  //本地搜索
(5)      return; }
(6) Prune(A, X⁽¹⁾, X⁽²⁾);                         //从内部节点开始剪枝搜索
(7) return;

Procedure Prune(Node B, Value X⁽¹⁾, Value X⁽²⁾)   /***** 剪枝算法 *****/
(1) if (B is a leaf node) {                       //如果是叶节点
(2)      LocalSearch(X⁽¹⁾, X⁽²⁾);                  //本地搜索
(3)      return; }
(4) else {                                        //如果是内部节点
(5)      s = GetString(B);                        //得到树节点的对应字符串
(6)      len = Length(s);                         //得到字符串长度
(7)      for each C ∈ Children(B) {               //对每个子节点
(8)          if (Check(C, len, X⁽¹⁾, X⁽²⁾) ) {    //如果与查询区间存在交集
(9)              Prune(C, X⁽¹⁾, X⁽²⁾); } } }       //进一步剪枝搜索
(10) return;
```

图 4.28　ERQ 区间查询算法

在现有的分层（layered）区间查询方法中，查询延迟通常既与覆盖网的节点规模有关，也与查询区间的大小以及资源空间维数（即资源属性个数）等紧密相关，难以在一定的延迟内返回查询结果，无法保证查询性能。针对上述问题，本节提出区间查询的"延迟有界"（bounded delay）特性，要求最大查询延迟仅与覆盖网的节点规模有关，无论查询区间的大小或资源属性个数的多少，都能确保在一定的延迟内返回查询结果。下面的定理表明 ERQ 区间查询算法满足延迟有界特性。

定理 4.1　令 BK 树的基为 d，节点数为 N，令 ERQ 区间查询的延迟为 D，那么有

$$D < \log_d N(2\log_d \log_d N + 1)$$

证明　令查询区间为 $[X^{(1)}, X^{(2)})$ 表示搜索请求，$Z_{\min} = Z(X^{(1)})$，$Z_{\max} = Z(X^{(2)})$，令 $Z_{\min}$ 和 $Z_{\max}$ 的共同前缀字符串 $C = \text{CommonPrefix}(Z_{\min}, Z_{\max})$ 的长度为 p。一次 ERQ 区间查询可以分为：①定位在 BK 树中负责字符串 C 的树节点；②从该树节点发起一次剪枝搜索。

根据上面的分析，d-Search 算法最多需要 $\log_d p \leqslant \log_d \log_d N$ 步。进而易知定位树节点的延迟 D_1 满足

$$D_1 \leqslant 2\log_d N \log_d \log_d N$$

另一方面，由于 BK 树的高度不超过 $\log_d N$，并且 BK 树中相邻的父节点和子节点之间有一条直接连接（如图 4.26 所示 Z-Hash 算法的第（8）行），所以第二步的延迟 D_2 满足

$$D_2 < \log_d N$$

由上面两个不等式容易得出，ERQ 的区间查询延迟 $D = D_1 + D_2$ 小于 $\log_d N$ $(2\log_d \log_d N + 1)$，从而定理成立。

4.2.4　Skyline 查询

令资源 x 表示为 m 维空间中的一点 $x = <x_1, x_2, \cdots, x_m>$。对任意两个资源 p 和 q，p 控制 q 当且仅当：$\forall i \in \{1,2,\cdots,m\}$ 有 $p_i \leqslant q_i$，并且 $\exists j \in \{1,2,\cdots,m\}$ 有 $p_j < q_j$。给定资源集合 R，R 的 Skyline[28]是指 R 的一个子集 $SL(R)$，该子集中的任意一个资源都不能被 R 中的其他资源所控制。$SL(R)$中的资源称为 Skyline 点。图 4.29 给出了一个 Skyline 的示例，其中有 3 个 Skyline 点 a、b 和 c。

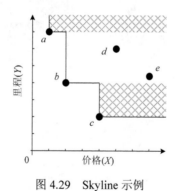

图 4.29　Skyline 示例

基于 BK 树的 Skyline 查询主要包括查询空间计算和迭代 Skyline 查询两个交替进行的过程，下面将分别进行介绍。

1. 查询空间计算

令发出 Skyline 查询请求的节点为 P_q，假设在资源集合中具有最小 Z 映射值的资源为 ζ。P_q 首先查询包含 ζ 的节点 P_0，这一步可以采用任何一种现有方法实现，例如，从最大控制边界点（most dominating boundary point）开始沿 Z 曲线查询；或者通过子区域重叠方法确定初始 Skyline 节点，进而查询 ζ 和 P_0。

找到 P_0 后，P_q 通过任意集中式算法可以得到 P_0 的本地 Skyline 点集合，记为 $SL(P_0) = \{p^{(1)}, p^{(2)}, \cdots, p^{(n)}\}$，其中 $p^{(i)} = <p^{(i,1)}, p^{(i,2)}, \cdots, p^{(i,m)}>$，$i = 1,2,\cdots,n$。显然下

一步的查询空间不应被 $SL(P_0)$ 中的任意点控制。对每个 $p^{(i)} \in SL(P_0)$，不被 $p^{(i)}$ 控制的空间 $RU^{(i)}$ 是 m 个超立方体的并。各超立方体可以使用其最小点 p_{min} 和最大点 p_{max} 表示，记为 $[\![p_{min}, p_{max}]\!]$，从而 $RU^{(i)}$ 可以表示为

$$RU^{(i)} = \bigcup_{j=1}^{m} [\![p_0, p_j^{(i)}]\!]$$

其中，$p_0 = <0, 0, \cdots, 0>$，$p_j^{(i)}$ 的第 j 维为 $p^{(i,j)}$，其他维等于 d^k。由于 $p^{(i)}$ 是 Skyline 点，显然在 $[\![p_0, p^{(i)}]\!]$ 内没有任何资源，从而下一步的查询空间 SP_0 为

$$SP_0 = \bigcup_{i=1}^{n} \left(RU^{(i)} - [\![p_0, p^{(i)}]\!] \right)$$

图 4.30(a)给出了一个计算初始查询空间的例子，其中 $SL(P_0) = \{a = <2, 3>\}$。查询空间将随着新 Skyline 点的获得而逐步缩小，详见下面的迭代查询过程。

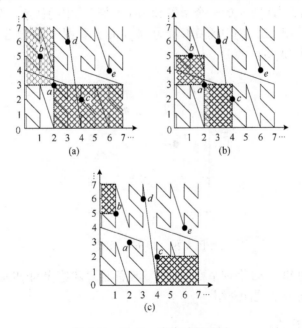

图 4.30　Skyline 查询过程示例

2. 迭代 Skyline 查询

在得到初始查询空间 SP_0 后，一种实现 Skyline 查询的方法是把 Skyline 查询消息分发到 SP_0 的多个超立方体中的节点，然后在每个节点采用集中式算法进行本地 Skyline 查询，最后把结果汇聚到 P_q 并得到最终的 Skyline。显然，该方法将消耗大量带宽，因此无法在互联网环境中实现。

针对上述问题，我们提出把查询过程分为多个迭代的阶段，每个阶段仅查询 SP_0 的一个子空间 $S^{(0)}$，由 SP_0 的各超立方体的子立方体组成（如图 4.30(b) 的阴影部分所示），其大小可由带宽限制来确定。在每次迭代中把 Skyline 查询消息分发到 $S^{(0)}$ 中的所有节点，分发过程可以基于 BK 树索引，采用类似于前面介绍的 ERQ-Search 算法实现。每个收到消息的节点将计算本地 Skyline 并把结果沿 BK 树返回。为了减小带宽消耗，在返回过程中每个树节点都将对来自不同子节点的结果进行检查并删除被控制的点。所有结果到达 P_0 后将重新计算下一步的查询空间 SP_1（显然该空间小于 SP_0），进而把查询消息分发到 SP1 的一个子空间。以此类推，上述过程一直重复到不再有新的子空间需要查询为止，所得到的 Skyline 点集合就是最终的 Skyline。图 4.30(b) 和图 4.30(c) 分别给出了上述迭代过程的前两步查询的示例。

4.2.5　聚合查询

聚合查询[27]是指对一组资源某些属性的聚合信息的查询。通常聚合查询在一定范围内进行，如查询内存容量在 1～2GB 的服务节点数量等。未给定范围的聚合查询可以看成给定范围聚合查询的特例。

BK 树的分级（hierarchy）结构可以容易地实现各种聚合查询，下面以 Average 聚合为例进行简要介绍。假设在一维空间中需要查询"属性值在[a,b]范围内的所有数据点的均值"，Average 查询的实现主要包括查询消息的分发和查询结果的聚合两个阶段。

（1）在消息分发阶段，通过采用类似于前面介绍的 ERQ-Search 算法（见图 4.28），查询消息首先到达负责[a,b]的树节点，进而沿 BK 树被分发到负责范围与[a,b]相交的所有叶节点。易知这一阶段的延迟小于

$$\log_d N (2 \log_d \log_d N + 1)$$

（2）在结果聚合阶段，在 BK 树中所有收到查询消息的叶节点都将把本地的聚合结果上传给自己的父节点。需要说明的是，由于 BK 树要求聚合函数 f 具有分级计算（hierarchical computation）特性，即

$$f(v_1, v_2, \cdots, v_n) = f(f(v_1, v_2, \cdots, v_{s_1}), f(v_{s_1+1}, v_{s_1+2}, \cdots, v_{s_2}), \cdots, f(v_{s_k+1}, v_{s_k+2}, \cdots, v_n))$$

所以每个叶节点需要上传 Sum 和 Count 两个满足分级计算特性的聚合值，以代替不满足该特性的 Average 聚合值。Sum 和 Count 聚合值将沿着 BK 树原路返回到负责[a,b]的树节点 A，在传递过程中的每个中间节点都将重新计算 Sum 和 Count 聚合值。最后通过计算 Average = Sum / Count 得到聚合结果并返回给查询节点。

4.3　面向资源组织优化的分布式网络延迟探测

围绕"按需聚合，自主协同"需求，虚拟计算环境将具有共同兴趣、共同目标的资源聚合起来进行管理，形成虚拟共同体。虚拟共同体内的资源以覆盖网的形式进行

组织，使得资源间的访问不通过物理地址，只通过邻居关系，在资源动态变化时，资源间的访问方式保持不变。虚拟计算环境在节点加入、退出时动态维护覆盖网拓扑，保证在自治资源动态加入、退出的情况下也能维持其组织方式。

虚拟计算环境中的资源不仅规模大，而且具有地理分布性。覆盖网中节点间基于逻辑拓扑中的路由路径传递消息，逻辑路径中的一跳步在物理网络中可能跨越广域网中多个自治域，降低了消息的时效性，可能对上层网络应用的用户体验质量造成损伤。Google 通过实验发现，增加 500ms 的搜索结果返回时延，利润下降 20%。Amazon 报告称增加额外的 100ms 延迟，销售额下降 1%。网络游戏中用户间通信延迟超过 200ms 后导致游戏难以继续。而 Cisco 建议 VoIP（Voice over Internet Protocol）和视频会议端到端单向延迟不超过 150ms，延迟波动不超过 30ms，丢包率低于 1%。

设计高效的网络距离测量手段，满足网络应用对网络状况的感知需求成为提高虚拟计算环境效能的必然要求。上述资源优化组织的基础是需要灵活地感知互联网底层网络的邻近关系。为此，本书系统地研究了大规模分布式系统中的网络邻近估计技术，在理论上，利用适应互联网延迟空间统计特征的低度量模型，给出了在 $O(\log N)$ 跳步发现近似最优最近节点的分布式最近节点搜索方法，并推广得到发现 K 个最近节点的分布式方法。在实用性方面，在 iVCE 平台中实现了分布式 K 最近节点搜索服务，通过标准的 API 接口为平台提供可扩展、精确的网络邻近估计功能。

4.3.1　网络邻近估计相关工作

1. 基于网络坐标的邻近度搜索技术

网络坐标方法能够可扩展地表示节点间的网络距离值，因此基于网络坐标实现邻近度搜索具有可扩展性好的优势。已有的方法按照搜索过程可以分为集中式和分布式两类方法。

1）集中式方法

Ratnasamy 等[51]提出 Binning 方法划分邻近节点集合，用于构建拓扑感知的 P2P 覆盖网。Binning 方法测量一个节点到一组地标节点的网络延迟，并按照一定顺序排列为一个相对坐标向量。然后 Binning 方法将网络延迟映射到离散的层次值，并将相对坐标向量转换为基于层次值表示的向量，最后 Binning 方法将具有相同向量的节点映射到相同的虚拟"桶"内，从而达到邻近的节点归到相同的分簇的目的。Binning 方法实现简单，计算复杂度较低。然而 Binning 方法只返回分簇结果，并不计算距目标节点最近的服务节点。

Netvigator[52]基于相对坐标的方式预测与一个目标节点邻近的一组服务器节点。每个节点定期地测量与一组地标节点的距离，并收集测量过程中发现的路由路径的距离信息，然后每个节点建立自己的地标向量，向一个集中式的"仓库"（repository）提交地标向量。Netvigator 在收到寻找 K 个最近节点的查询请求时，根据全局信息表中的地标向量和发送请求节点的地标向量，利用分簇的方法找到 K 个最优候选节点。最后，将结果返回给查询节点。Netvigator 通过测量与地标节点以及中间路由器的距离，提高寻找最近节点的精确性。然而 Netvigator 仍然基于启发式过程选择最近服务器，难以保证其搜索精度。

基于 CDN 的相对定位（CDN-based Relative Position，CRP）[53]假定端用户请求通常被重定向到与其位置邻近的内容分发网（Content Distribution Network，CDN）边缘服务器。CRP 基于该假设计算两个端用户被重定向到不同服务器的频率，然后构建一个相对坐标向量，并根据坐标向量的相似度计算两个端用户的邻近度。CRP 只需要测量被重定向到 CDN 边缘服务器的频率，并不需要端用户之间相互测量，因而提高了这种方法的可扩展性。然而，如果两个端用户没有相同的边缘服务器，那么 CRP 方式失效。此外，CRP 假定不同 CDN 的服务器重定向策略相同，难以有效地适应不同 CDN 重定向策略的差异性。

Krishnan 等[54]指出 Google 内容分发网络通常根据目标节点的地理位置重定向至地理最近的数据中心。然而这种方式可能导致过高的网络延迟。这是由于互联网路由的次优性，地理位置近的节点之间路由路径仍然较长。在服务器的负载较重时，服务器的排队延迟将增大，导致服务器与端用户的网络延迟增大，而这种网络延迟动态性难以通过地理坐标反映出来，导致基于地理位置的方法精度下降。

2）分布式方法

PIC[55]基于欧氏网络坐标近似节点间的网络延迟，然后通过分布式贪心算法迭代地搜索距目标坐标距离更近的逻辑邻居，直至搜索过程终止于一个局部最优点。PIC 在每个搜索跳步选择 K 个最近的逻辑邻居，不仅支持网络邻近估计，而且可以支持 K 近邻搜索。然而 PIC 受到网络坐标差错影响，难以保证搜索质量。

OASIS[56]搜索距一个目标节点最近的服务节点。为了降低测量开销，OASIS 根据节点间的地理坐标距离迭代地选择距目标最近的逻辑邻居，直至搜索过程终止于一个局部最优点。然而由于地理坐标和广域网网络延迟之间并不严格匹配，导致搜索过程通常陷入局部最优点。

2. 基于分簇的邻近度搜索技术

将服务器集合划分为多个簇，每个簇中的内部节点之间的网络距离远小于不同簇间节点之间的网络距离。在进行邻近度搜索时，直接从与目标节点位于相同簇的服务器中选择最近的。然而，由于分簇结构通常根据启发式构建，与目标节点最近的节点可能与目标点并不在同一个簇，所以难以保证搜索精度。

Tiers[57]将端节点分布式根据网络延迟组织为一个层次化分簇结构，所有节点在最底层按照邻近度划分为多个分簇。接着各个分簇选举一个簇首点，所有的簇首点加入上一层，并继续划分簇结构。该过程递归执行，直至当前层只有一个节点，该节点作为簇结构的根节点。在接收到邻近度搜索请求时，搜索请求沿着根节点逐层向下转发，每次均选择距目标节点距离最近的簇首所在的分簇。在最底层，Tiers 从与目标点在相同簇的节点集合中选择距目标最近的节点。Tiers 通过树结构路由过程能够通过 $O(\log N)$ 搜索跳步。由于每次查询均经过顶层节点，Tiers 树中的高层节点压力较大。

Sequoia 系统[58]根据网络延迟或者网络带宽两类参数为分布式的端节点构建一个集中式的树状虚拟拓扑结构。树中的叶节点对应真实世界中的端节点，而树的分支节点则是用于连接端节点的虚拟点。为了最小化拓扑构建差错，Sequoia 独立地计算多棵树，并从中选择精度最高的树作为层次化分簇结构。每棵树指定一个端节点 lever 作为其余端节点加入时的入口点。每个端节点 B 加入时根据到 lever 和一个已加入系统的节点（称为锚点 anchor）的距离，在 lever 到 anchor 树中路径上添加一个虚拟点 s，使得 $d(\text{anchor,lever})$, $d(B,\text{lever})$, $d(\text{anchor},B)$ 三者树中对应的距离与真实网络距离相等。为了提高可扩展性，Sequoia 在实际存储时去掉了树中的虚拟点，只保留所有的端节点构成的结构。然而，Sequoia 面临着单点性能瓶颈和单点失效的问题。

3. 基于在线测量的邻近度搜索技术

基于在线测量的邻近度搜索技术将节点集合组织为一个覆盖网，通过贪心搜索逐步地确定距目标节点最近的一个节点；为了发现 K 个最近节点，在最近节点搜索的每个搜索步骤缓存与目标节点网络延迟最小的 K 个逻辑邻居。

Waldvogel 等[59]提出了一个基于梯度下降方式的最近节点搜索方法，用于构建拓扑感知的覆盖网结构。每个节点根据梯度下降方式递归地搜索距本节点更近的节点，直至搜索过程终止于一个局部最优点。Mithos 通过全分布式的搜索过程提高了其可扩展性，然而 Mithos 通过随机方式发现逻辑邻居，难以提高逻辑邻居集合的地理分散性，导致搜索过程因无法发现距目标更近的逻辑邻居而陷入局部最优值。

Wong 等[60]提出了基于在线测量的最近服务器定位方法。每个节点基于同心环结构维护一组逻辑邻居，每个同心环包含一组覆盖范围呈指数级增高的环，每个环维护固定数目的逻辑邻居。Meridian 基于标准的 gossip 协议发现逻辑邻居，具有较高的可扩展性。每个节点在接收到最近服务器的定位请求后，通常以递归的方式逐步定位距目标更近的服务器，并且要求新的节点距目标的距离至少降低 β 倍，直至搜索过程终止于一个局部最优点。

Vishnumurthy 等发现网络延迟空间分簇容易导致 Meridian 搜索过程陷入性能较差的局部最优点。这是由于同簇的节点到达目标点的距离类似，当前节点无法发现距目标距离降低幅度达到要求的逻辑邻居，导致搜索过程提前终止于性能较差的局部最优点。此外，Wang 等发现网络延迟空间的三角不等性违例降低了 Meridian 的搜索精度。这是由于 Meridian 逻辑邻居选择过程基于三角不等性假设，在三角不等性违例出现的情况下，Meridian 无法覆盖所有距目标邻近的逻辑邻居，导致距目标最近的节点被漏选，从而影响搜索过程的精度。

为了适应网络延迟分簇现象，Vishnumurthy 等还提出了基于 IP 地址前缀的分簇方法，帮助每个节点寻找具有相似上游连接列表（Upstream Connectivity List，UCL）或

IP 地址前缀的节点，并让与目标点同簇的节点测量与目标的距离从而发现最近的服务节点。然而，由于网络延迟空间分簇与 IP 地址或者 UCL 并不一致，这种方式难以消除分簇对 Meridian 搜索的影响。

为了适应三角不等性违例现象，TIV-Alert Meridian[61]借助 Vivaldi 网络坐标方法计算两个节点产生三角不等性违例的概率，然后根据该违例概率优化 Meridian 逻辑邻居选择过程。如果一个节点与逻辑邻居的违例概率超过一个阈值，那么该节点就被选为逻辑邻居。然而，由于网络坐标距离与三角不等性违例并不一一对应，这种方法难以发现所有引发三角不等性违例的逻辑邻居。此外，实验也证实了 TIV-Alert Meridian 和原 Meridian 协议具有类似的精度。

4.3.2　网络邻近估计需求与挑战

对于任意的目标节点 T，分布式最近节点搜索的目的是通过服务节点的相互协作，分布式地寻找距目标节点 T 网络延迟最小的服务节点 i^*。针对大规模、分布式的虚拟计算环境，一个理想的网络邻近估计服务需要满足四方面的要求。

（1）精确。搜索结果距目标节点的网络延迟需要尽可能地接近真实最近节点距目标节点的网络延迟。

（2）可扩展。搜索过程的网络通信开销随着节点规模增大平滑地上升。单纯依赖在线测量的方法在系统规模增大时测量开销显著增大，导致其可扩展性下降。而单纯利用网络坐标方法尽管避免了测量开销，但是维护网络坐标也需要一定的测量开销，因此也需要考虑测量开销优化的问题。

（3）健壮。搜索过程在网络延迟出现波动或者逻辑邻居离线时需要保持搜索精度。

（4）快速。搜索过程需要尽可能快地完成。为了实现在线实时的网络邻近估计服务，需要尽可能地优化搜索过程的延迟。

网络延迟空间的三角不等性违例和分簇特征对网络邻近估计提出了挑战。首先，网络延迟空间并不是一个严格的度量空间，存在显著的三角不等性违例现象。Savage 等[62]利用数十个广域网机器组成的测试床发现，超过 20%的三元组的网络延迟存在三角不等性违例的现象。Lumezanu 等[63, 64]发现三角不等性违例具有动态波动性的特点，并且发现不同的测量结果汇聚方式（如选择中间值、平均值）也会导致三角不等性违例的统计结果发生变化。三角不等性违例导致传统数据库领域面向度量空间的邻近搜索方法不再适用。

由于互联网呈现层次结构，网络延迟空间显示出显著的分簇特征[58, 65]。Zhang 等[65]和 Lee 等[66]通过 DNS（Domain Name System）服务器间的网络延迟证实了网络延迟空间包含 3～4 个分簇，并且簇间节点间的平均距离大于或者等于簇内节点距离的 2.5 倍。已有的分布式网络邻近度估计方法通常根据 gossip 随机采样方法发现逻辑邻居[55-57, 60, 67]。分簇特征导致 gossip 采样节点通常位于少量的分簇内，造成各个节点的逻辑邻居在网络延迟空间的覆盖范围较窄，使得网络邻近度估计方法因为缺乏距目标节点足够邻近的逻辑邻居而陷入局部最优节点。

针对网络延迟空间三角不等性违例的特点，搜索过程需要避免采取三角不等性假设，而是要根据实际网络延迟的统计特征制定合理的假设条件，从而选择距目标节点邻近的逻辑邻居。针对网络延迟空间分簇的现象，搜索过程在靠近目标节点时延迟降低幅度可能会降低，而根据静态的搜索阈值可能因为延迟降低幅度未达到阈值而提前终止。因此，在判定搜索终止条件时需要适应这种分簇带来的影响。

4.3.3　基于同心环的多尺度邻近节点组织方法

为了快速地选择距目标节点网络延迟位于特定范围的逻辑邻居，本节采取同心环存储逻辑邻居。给定任意的节点 P，其同心环中各个环按照距节点 P 网络延迟指数级增大方向由内到外排列。第 i 个环包含与节点距离在$[2^{i-1}, 2^i]$的逻辑邻居。基于同心环的覆盖网实际上构建了一个"小世界"（small world）拓扑模型。覆盖网中任意两个节点之间均存在与节点规模呈指数级的路径，非常有利于网络邻近估计算法设计。

同心环通过与网络延迟指数级增大的逻辑邻居建立逻辑链路，节点 P 的同心环结构更加偏好与节点 P 邻近的节点，即与节点 P 位于相同簇内的节点集合。因此如果节点 P 与目标节点位于相同簇内，仍然可以通过同心环选择与目标节点更近的同簇节点，有利于寻找距目标节点更为邻近的节点。

为了适应节点动态性和网络延迟动态性，每个节点基于 gossip 方式定期地与逻辑邻居交换已知的邻居信息，从而及时地发现新的逻辑邻居、删除离线的逻辑邻居并更新到相应逻辑邻居的网络延迟。另外，为了采样同心环内环和外环的逻辑邻居，每个节点定期地基于随机行走采样距本节点最近和最远的一组节点。本节提出结合 gossip 方式和随机行走的方式的邻居发现机制。

为了实现均匀随机采样，每个节点 P 定期地基于 gossip 协议与其逻辑邻居交换邻居信息。从其同心环上随机选择一个非空环，然后从该环随机选择一个逻辑邻居 Q 作为 gossip 通信节点。节点 P 接着从其同心环的每个非空环上随机选择一个逻辑邻居存入 gossip 请求消息。节点 P 然后将该 gossip 请求消息发送至节点 Q。在节点 Q 接收到该请求消息后，立即发送一个 gossip 响应消息至节点 P。节点 Q 针对 gossip 请求消息中存储的每个节点进行直接延迟探测，然后根据成功的延迟探测结果将对应的节点插入到其同心环上。

在随机行走方式中，每个节点发送具有一定 TTL 的随机行走消息至随机选择的逻辑邻居。该随机行走消息在覆盖网中进行随机转发并将消息的 TTL 减 1。随机行走消息缓存距发起节点最近和最远的 K_r（默认值为 10）个节点。每个中间节点根据其逻辑邻居的网络坐标位置更新消息缓存的 $2K_r$ 个节点。在随机行走消息的 TTL 减至 0 时将消息返送给发起节点。发起节点根据消息缓存的节点更新其同心环的候选邻居。随机行走过程的参数 K_r 影响同心环采样速度。

为了控制邻居集合的存储开销，设置一个环上的最大邻居数目为Δ，并定期地将多余的节点删除。为了发现距任意目标节点的邻近逻辑邻居，同心环中每个环需要包含地理分散的节点。针对该需求，我们利用最大化超体积算法保留环上节点间距离最大的Δ个逻辑邻居。最大化超体积算法需要环上节点间的延迟探测作为算法输入，引发了$O(\Delta^2)$的测量开销。为了提高邻居删除的可扩展性，利用逻辑邻居的坐标位置预测邻居间的延迟距离，从而提高了邻居替换机制的可扩展性。

4.3.4　分布式最近节点搜索

针对单目标节点分布式网络邻近估计问题，本节提出了一个基于低度量模型的单目标节点分布式网络邻近估计方法 HybridNN，如图 4.31 所示。

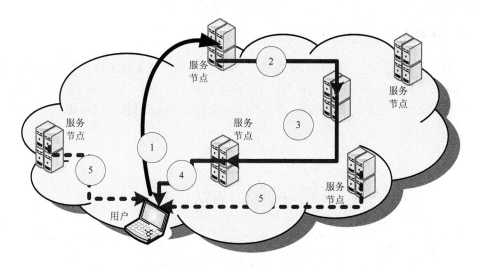

图 4.31　分布式最近节点搜索过程

分布式网络邻近估计过程的第一步是选择距离单个目标节点邻近的逻辑邻居。为了选择距目标节点更为邻近的逻辑邻居，每个收到搜索请求的节点 P 需要从本节点的同心环中选择距目标节点 T 网络延迟位于$[0, pd_{PT}]$区间的逻辑邻居。这些逻辑邻居位于同心环中第 1 个到第$\lceil \log_2(\rho d_{PT}) \rceil$个环内。为了保证搜索精确度，利用低度量模型分析证实同心环中每个环只需要包含 $O(\log N)$个逻辑邻居，就能够以极高概率发现距目标节点更近的逻辑邻居。

在确定候选逻辑邻居后，接着从候选邻居中判断距目标最近的节点。为了降低测量开销，利用逻辑邻居到目标节点的坐标距离近似相应的网络延迟值。然而，由于坐标距离预测通常包含一定的误差，单纯依靠网络坐标缺乏健壮性。所以，为了提高判断过程的可扩展性和健壮性，结合延迟预测和直接延迟探测的方式选择距目标节点最近的逻辑邻居。

首先从候选邻居中选择距目标节点的网络坐标距离最近的 m 个邻居，记为 S_c。其次，选择候选邻居中坐标差错度超过差错阈值（坐标差错度值默认为 0.7）的邻居，记为 S_e。此外，还选择坐标距离与真实的网络延迟值偏差超过 50ms 的节点，记为 S_t，以适应由于三角不等性违例造成的坐标差错。记上述选择过程得到的逻辑邻居集合为 $S_* = S_c \bigcup S_e \bigcup S_t$。

节点 P 接着请求集合 S_* 内的节点直接测量距目标节点的网络延迟，然后节点 P 从返回的网络延迟中选择距目标节点最近的逻辑邻居。若存在多个逻辑邻居距目标节点具有相同的最短延迟，那么就从中随机地选择一个节点作为距目标节点最近的逻辑邻居。

最后，根据当前节点距目标节点的网络延迟判断是否终止搜索过程。为了适应网络延迟空间的分簇现象，HybridNN 并不预先设定搜索路径上的延迟降低幅度，而是仅在逻辑邻居较当前节点距目标节点更远时终止搜索过程。

4.3.5　分布式 K 最近节点搜索

本节以最近节点搜索 HybridNN 为基础，实现了分布式 K 最近节点搜索方法 DKNNS（Distributed K Nearest Neighbor Search）。DKNNS 采取两个策略：快速回退、最远节点搜索，以提高 K 近邻搜索的搜索速度、成功率以及搜索精确度，其搜索过程如图 4.32 所示。

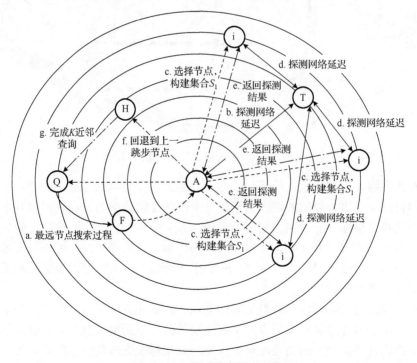

图 4.32　K 最近节点搜索过程

首先，提出了快速回退的方式，从当前搜索到的近邻回溯到上一跳步继续搜索，以加速搜索过程。这是由于 K 近邻搜索是从一个节点发起的，第一个近邻与后续近邻之间在网络延迟空间上是相互邻近的。

其次，在搜索过程开始阶段，提出了最远节点搜索过程，选择距目标较远的节点开始 K 近邻搜索，从而提高发现 K 个服务器的可能性。这是由于在 K 值较大时，搜索过程可能因距目标节点太近而无法搜索足够数目的近邻。最远节点搜索过程与最近搜索过程是对偶的，即在每个搜索跳步，均选择距目标节点更远的节点进行搜索。

4.4　本 章 小 结

资源的成长性、自治性和多样性等自然特性给资源的高效使用带来巨大的挑战。本章从虚拟资源的分布式组织、虚拟资源的分布式搜索，以及虚拟资源的优化管理几方面，介绍了 iVCE 中分布式虚拟资源管理的基本概念和本书的最新研究成果。

参 考 文 献

[1] Gnutella protocol. http://www.clip2.com/GnutellaProtocol04.pdf, 2001.

[2] Rhea S, Wells C, Eaton P, et al. Maintenance-free global data storage. IEEE Internet Computing, 2001, 5(5): 40-49.

[3] Huang Y, Fu T, Chiu D, et al. Challenges, design and analysis of a large-scale P2P VoD system. Proceedings of ACM SIGCOMM, 2008, 38(4): 375-388.

[4] Chen K, Huang C, Huang P, et al. Quantifying skype user satisfaction. Proceedings of ACM SIGCOMM, 2006: 399-410.

[5] Zhang Y, Liu L. Distance-aware bloom filters: Enabling collaborative search for efficient resource discovery. Future Generation Computer Systems, 2013, 29: 1621-1630.

[6] Stoica I, Morris R, Nowell D, et al. Chord: A scalable peer-to-peer lookup protocol for Internet applications. IEEE/ACM Transactions on Networking, 2003, 11(1): 17-32.

[7] Gupta I, Birman K, Linga P, A. et al. Kelips: Building an efficient and stable P2P DHT through increased memory and background overhead. Proceedings of IPTPS, 2003: 160-169.

[8] Gupta A, Liskov B, Rodrigues R. Efficient routing for peer-to-peer overlays. Proceedings of USENIX NSDI, 2004, 4: 9.

[9] Li J, Stribling J, Morris R, et al. Bandwidth-efficient management of DHT routing tables. Proceedings of USENIX NSDI, 2005: 99-114.

[10] Ratnasamy S, Francis P, Handley M, et al. A Scalable Content Addressable Network. San Diego: ACM Press, 2001: 161-172.

[11] Shen H, Xu C, Chen G. Cycloid: A scalable constant-degree P2P overlay network. Performance Evaluation, 2005, 63(3): 195-216.

[12] Plaxton C G, Rajaraman R, Richa A W. Accessing nearby copies of replicated objects in a distributed environment. Proceedings of SPAA, Newport, 1997: 311-320.

[13] Zhao B, Huang L, Stribling J, et al. Tapestry: A resilient global-scale overlay for service deployment. IEEE JSAC, 2004, 22(1): 41-53.

[14] Rowstron A, Druschel P. Pastry: Scalable, decentralized object location and routing for large-scale peer-to-peer systems. Proceedings of IFIP/ACM International Conference on Distributed Systems Platforms (Middleware), Heidelberg, 2001: 329-350.

[15] Maymounkov P, Mazieres D. Kademlia: A peer-to-peer information system based on the XOR metric. Proceedings of IPTPS, Cambridge, 2002: 53-65.

[16] Kumar A, Merugu S, Xu J, et al. Ulysses: A robust, low-diameter, low-latency peer-to-peer network. Proceedings of ICNP, Atlanta: IEEE Press, 2003: 258-267.

[17] Malkhi D, Naor M, Ratajczak D. Viceroy: A scalable and dynamic emulation of the butterfly. Proceedings of PODC, 2002: 183-192.

[18] Pugh W. Skip lists: A probabilistic alternative to balanced trees. Workshop on Algorithms and Data Structures, 1989.

[19] Harvey N J A, Jones M B, Saroiu S, et al. SkipNet: A scalable overlay network with practical locality properties. Proceedings of USENIX USITS, 2003, 34: 38.

[20] de Bruijn N G. A combinatorial problem. Proceedings of Koninklijke Nederlundse Academic van Watenschappen, 1946, A49: 758-764.

[21] Kaashoek F, Karger D. Koorde: A simple degree-optimal distributed hash table. Proceedings of IPTPS, Berkeley, 2003: 98-107.

[22] Fraigniaud P, Gauron P. D2B: A de bruijn based content-addressable network. Theoretical Computer Science, 2006, 355(1): 65-79.

[23] Zhang Y, Liu L. Distributed line graphs: A universal technique for designing DHTs based on arbitrary regular graphs. IEEE Transactions on Knowledge and Data Engineering, 2012, 24(9): 1556-1569.

[24] Kautz W H. The design of optimum interconnection networks for multiprocessors. Architecture and Design of Digital Computer, NATO Advances Summer Institute, 1969: 249-277.

[25] Li D, Lu X, Wu J. FISSIONE: A scalable constant degree and low congestion DHT scheme based on Kautz graphs. Proceedings of IEEE INFOCOM, Miami, 2005: 1677-1688.

[26] Zhang Y, Liu L, Lu X, et al. Efficient range query processing over DHTs based on the balanced Kautz tree. Concurrency and Computation: Practice and Experience, 2011, 23(8): 796-814.

[27] Albrecht K, Arnold R, Gahwiler M, et al. Aggregating information in peer-to-peer systems for improved join and leave. Proceedings of IEEE P2P, 2004.

[28] Cai L, Zhang Y. SkyStorm: Delay-Bounded skyline computation in distributed systems. The 7th International Conference on Computer Science & Education, 2012: 828-833.

[29] Gupta A, Agrawal D, Abbadi A E. Approximate range selection queries in peer-to-peer systems. Proceedings of the First Biennial Conference on Innovative Data Systems Research, Asilomar, 2003, 3: 141-151.

[30] Broder A, Charikar M, Frieze A, et al. Min-wise independent permutations. Proceedings of the Thirtieth Annual ACM Symposium on Theory of Computing, Dallas, 1998: 327-336.

[31] Schmidt C, Parashar M. Enabling flexible queries with guarantees in P2P systems. IEEE Internet Computing, 2004, 8(3): 19-26.

[32] Asano T, Ranjan D, Roos T, et al. Space filling curves and their use in geometric data structures. Theoretical Computer Science, 1997, 181: 3-15.

[33] Andrzejak A, Xu Z. Scalable, efficient range queries for grid information services. Proceedings of IEEE P2P 2002, Linköping, 2002: 33-40.

[34] Ganesan P, Yang B, Molina H G. One torus to rule them all: Multidimensional queries in P2P systems. Proceedings of WebDB'04, Paris, 2004: 19-24.

[35] Chawathe Y, Ramabhadran S, Ratnasamy S, et al. A case study in building layered DHT applications. Proceedings of ACM SIGCOMM, 2005: 97-108.

[36] Crainiceanu A, Linga P, Gehrke J, et al. PTree: A P2P index for resource discovery applications. Proceedings of WWW, New York, 2004: 390-391.

[37] Comer D. The ubiquitous b-tree. Computing Surveys, 1979, 11(2): 121-137.

[38] Nazerzadeh H, Ghodsi M. RAQ: A range-queriable distributed data structure. Proceedings of 31st Annual Conference on Current Trends in Theory and Practice of Informatics, Liptovsky, LNCS 3381, 2005: 269-277.

[39] Bharambe A R, Agrawal M, Seshan S. Mercury: Supporting scalable multi-attribute range queries. Proceedings of SIGCOMM 2004, Portland, 2004, 34(4): 353-366.

[40] Bhagwan R, Varghese G, Voelker G M. Cone: Augmenting DHTs to support distributed resource discovery. Technical Report, San Diego: University of California, 2003.

[41] Zhang Z, Shi S M, Zhu J. SOMO: Self-organized metadata overlay for resource management in P2P DHT. Proceedings of IPTPS, 2003: 170-182.

[42] van Renesse R, Bozdog A. Willow: DHT, aggregation, and publish/subscribe in one protocol. Proceedings of IPTPS, 2004: 173-183.

[43] Yalagandula P, Dahlin M. A scalable distributed information management system. Proceedings of ACM SIGCOMM, 2004.

[44] Wu P, Zhang C, Feng Y, et al. Parallelizing skyline queries for scalable distribution. EDBT, 2006: 112-130.

[45] Wang S, Ooi B C, Tung A K H, et al. Efficient skyline query processing on peer-to-peer networks. ICDE, 2007: 1126-1135.

[46] Chen L, Cui B, Lu H, et al. iSky: Efficient and progressive skyline computing in a structured P2P

network. ICDCS, 2008: 160-167.

[47] Jagadish H V, Ooi B C, Vu Q H. Baton: A balanced tree structure for peer-to-peer networks. Proceedings of VLDB, 2005: 661-672.

[48] Oppenheimer D, Albrecht J, Patterson D, et al. Distributed resource discovery on planetlab with SWORD. Proceedings of the First Workshop on Real Large Distributed Systems, 2004.

[49] Tang Y, Zhou S. LHT: A low-maintenance indexing scheme over DHTs. Proceedings of IEEE ICDCS, 2008: 141-151.

[50] Crainiceanu A, Linga P, Machanavajjhala A, et al. P-ring: An efficient and robust P2P range index structure. Proceedings of SIGMOD, 2007: 223-234.

[51] Ratnasamy S, Handley M, Karp R, et al. Topologically-aware overlay construction and server selection. Proceedings of IEEE INFOCOM Conference, New York, 2002, 3: 1190-1199.

[52] Sharma P, Xu Z, Banerjee S, et al. Estimating network proximity and latency. Computer Communication Review, 2006, 36(3): 39-50.

[53] Su A-J, Choffnes D, Bustamante F E, et al. Relative network positioning via CDN redirections. Proceedings of the 28th International Conference on Distributed Computing Systems, Beijing, 2008: 377-386.

[54] Krishnan R, Madhyastha H V, Srinivasan S, et al. Moving beyond end-to-end path information to optimize CDN performance. Proceedings of ACM IMC, 2009: 190-201.

[55] Costa M, Castro M, Rowstron A, et al. PIC: Practical internet coordinates for distance estimation. Proceedings of the 24th International Conference on Distributed Computing Systems, Tokyo, 2004: 178-187.

[56] Freedman M J, Lakshminarayanan K, Mazières D. OASIS: Anycast for any service. Proceedings of NSDI, San Jose, 2006: 10.

[57] Banerjee S, Kommareddy C, Bhattacharjee B. Scalable peer finding on the internet. Proceedings of Global Internet Symposium, Taipei, 2002, 3: 2205-2209.

[58] Ramasubramanian V, Malkhi D, Kuhn F, et al. On the treeness of internet latency and bandwidth. Proceedings of the Eleventh International Joint Conference on Measurement and Modeling of Computer Systems, Seattle, 2009: 61-72.

[59] Waldvogel M, Rinaldi R. Efficient topology-aware overlay network. SIGCOMM Computer Communication Review, 2003, 33 (1): 101-106.

[60] Wong B, Slivkins A, Sirer E. Meridian: A lightweight network location service without virtual coordinates. Proceedings of the Conference on Applications, Technologies, Architectures, and Protocols for Computer Communications, Philadelphia, 2005: 85-96.

[61] Wang G, Zhang B, Ng T. Towards network triangle inequality violation aware distributed systems. Proceedings of the 7th ACM SIGCOMM Conference on Internet Measurement, San Diego, 2007: 175-188.

[62] Savage S, Anderson T, Aggarwal C, et al. Detour: Informed internet routing and transport. IEEE Micro, 1999, 19: 50-59.

[63] Lumezanu C, Baden R, Spring N, et al. Triangle inequality and routing policy violations in the internet. Proceedings of the 10th International Conference on Passive and Active Network Measurement, Seoul, 2009: 45-54.

[64] Lumezanu C, Baden R, Spring N, et al. Triangle inequality variations in the internet. Proceedings of the 9th ACM SIGCOMM Conference on Internet Measurement Conference, Chicago, 2009: 177-183.

[65] Zhang B, Ng T, Nandi A, et al. Measurement-based analysis, modeling, and synthesis of the internet delay space. IEEE/ACM Transactions on Networking, 2010, 18(1): 229-242.

[66] Lee S, Zhang Z, Sahu S, et al. On suitability of euclidean embedding for host-based network coordinate systems. IEEE/ACM Transactions on Networking, 2010, 18(1): 27-40.

[67] Wendell P, Jiang J, Freedman M, et al. DONAR: Decentralized server selection for cloud services. Proceedings of the ACM SIGCOMM Conference, New Delhi, 2010: 231-242.

第 5 章 虚拟资源的协同机制

iVCE 的资源管理思路从传统的集中控制,转向通过自主协同来实现资源的共享和综合利用。自主元素是互联网资源的虚拟化和封装,并具有自主行为的能力。同时,自主元素也处在一个动态、开放的环境中。在这样的环境中,行为自主的虚拟资源实体如何实现有效协同,是 iVCE 的一个核心问题。

本章讨论在资源聚合后如何建立资源协同的管理和激励机制,在资源管理虚拟共同体模型的基础上,提出了事件驱动的协同机制,以及自治资源的激励相容方法,解决了互联网资源协同共享需要从静态紧耦合走向动态松耦合、从单一平板结构走向层次嵌套结构、从集中控制走向自主协同的难题,系统地支持动态层次结构的嵌套协同关系管理,有效适应了互联网资源自治性带来的协同关系变化,实现了面向目标的协同。同时,针对资源协同中的安全管理和激励等可信需求,建立了以跨域授权管理、高可用服务保障以及激励相容的行为约束方法为代表的 iVCE 可信保障机制,通过激励相容的方法诱导,鼓励自治资源面向共享目标进行协作。

本章将针对虚拟资源的协同机制和协同激励两个方面,分别介绍相关的基本概念和研究进展。

5.1 事件驱动的协同机制

本节介绍基于事件服务的自主元素协同机制。首先根据交互双方解耦特征对比分析事件服务系统的优点,然后介绍事件服务系统的基本概念和相关的国内外研究,最后介绍在虚拟计算环境中高效率事件服务方面的工作。

5.1.1 基于事件服务的自主元素协同机制

自主元素的交互可以基于已有的多种通信范型,如消息传递、远程方法调用(Remote Procedure Call,RPC)、共享空间、消息队列等。由于自主元素由分布、异构的互联网资源抽象封装而来,所以要求交互采用松耦合的通信范型。一种通信范型的解耦特征一般从以下三个方面考量[1]:①时间解耦,交互双方不需要同时处于在线状态;②空间解耦,交互双方不需要彼此知道对方的地址信息;③控制流解耦,交互双方不需要阻塞当前进程而等待对方响应。

通过这三方面的解耦特征来分析通信范型,可以发现目前使用的多数通信范型并不能做到三方面的完全解耦。例如,最常用的消息传递,要求通信双方互知彼此地址,并且通信时需要同时在线，因而在空间和时间上是紧耦合的；另外，虽然发送方发送消息时不需要中断自身进程，但是接收方需要等待消息来继续自身进程，因此，消息传递的控制流解耦只是生产者（发送者）方的。表 5.1 总结了几种互联网中主要通信范型的解耦特征。从表 5.1 可以看出，只有发布订阅通信范型能够同时在时间、空间和控制流上做到完全解耦，因此是适合于自主元素交互的最佳通信范型。

表 5.1　各种通信范型的解耦特征

通信范型	时间解耦	空间解耦	控制流解耦
消息传递	否	否	生产者方
远程方法调用	否	是	生产者方
共享空间	是	是	生产者方
消息队列	是	是	生产者方
发布订阅	是	是	是

在 iVCE 中，虚拟资源的动态交互过程通过自主元素间的自主协同机制来实现。为实现自主元素之间的动态交互过程，自主元素的每一条行为规则对应于发布订阅系统中的一个订阅。这样的订阅不仅包括对事件类型的描述，还包括事件的某些属性的取值约束。图 5.1 给出了自主元素的交互过程：①iVCE 使用基于内容的发布订阅服务，按照特定的算法将订阅条件发送到事件服务系统；②自主元素在有事件发生时，将该事件转发给系统；③事件服务系统选出订阅条件适合该事件的订阅者，并将该事件发送给这些订阅者。订阅者收到事件后，将触发该事件对应的行为规则，执行相应的动作。因而在交互过程中，自主元素对资源的需求以订阅的方式进行发布，当有资源符合条件时，该自主元素就可得到通知并进行相应处理。

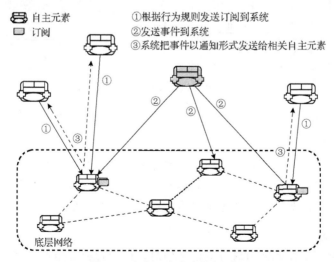

图 5.1　自主元素发布订阅过程

下面介绍事件服务的基本概念。

第一个完整功能的发布订阅系统可以追溯到发表在 1987 年 *ACM Symposium on Operating Systems Principles*（*SOSP*）上的 Isis 工具包中的 "news" 子系统[1]，其中用到了由 Frank Schmuck 发明的发布订阅技术。从那以后，由于其良好的解耦特性，发布订阅系统得到了越来越多研究者的关注和深入的研究。

发布订阅系统可以描述为：订阅者（信息消费者）以订阅的形式表达自己对特定内容（对象、资源等）的兴趣，并把订阅注册到事件系统中；发布者（信息产生者）把信息以事件的形式发布到系统；发布订阅系统负责把事件转发给所有对该事件感兴趣的订阅者。订阅者和发布者彼此不相知。

图 5.2 给出了发布订阅系统的抽象交互模型，订阅者首先向事件服务系统提交订阅表达自己的兴趣；发布者产生事件时，将事件发送给事件服务系统；系统对事件与订阅者的兴趣进行匹配，如果事件匹配订阅者的兴趣，则将事件以通知的形式发送给（即 "推" 给）匹配的订阅者（通知和事件在内容上是一致的，使用不同的概念是为了区分不同的信息流向，下面将不严格区分通知和事件的使用界限）。当订阅者不再对某类事件感兴趣时，通过取消订阅操作来取消它的兴趣。事件服务系统对于订阅者和发布者来说，类似于一个 "黑盒子"，虽然在交互过程中，事件服务系统提供订阅存储、事件匹配和通知分发等服务，但订阅者和发布者对这些服务都不可知。

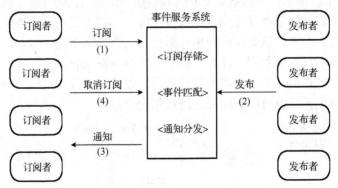

图 5.2　发布订阅系统的抽象交互模型

发布订阅系统使得交互双方在时间、空间和控制流三个方面完全解耦[2]。

1）时间解耦

交互过程中双方不需要同时在线。一般而言，发布者在事件产生时可以把事件立即发送给系统，即使当时对该事件感兴趣的订阅者处于离线状态；而系统把该事件异步地推送给订阅者，即使发布者处于离线状态，如图 5.3 所示。

2）空间解耦

交互双方不需要彼此知道对方的地址信息。订阅者和发布者通过事件服务系统间接交互，发布者向事件服务发送事件，而订阅者则从通知服务获取这些事件，如图 5.4 所示。

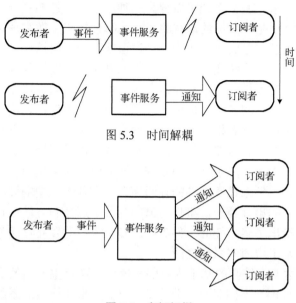

图 5.3　时间解耦

图 5.4　空间解耦

3）控制流解耦

发布者向事件服务发送事件时，本身进程不被阻塞；事件服务通过"推"的方式把事件发送给感兴趣的订阅者，订阅者收到事件后，以回调的形式来处理该事件，因此订阅者不需要中断并发的进程去等待事件。因而，发布者和订阅者的交互不需要中断其主控进程，如图 5.5 所示。

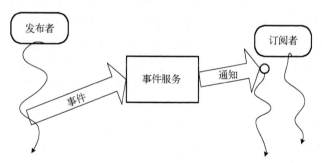

图 5.5　控制流解耦

5.1.2　相关研究

本节讲述虚拟计算环境采用的事件服务类型，以及目前国际上相关的主要研究成果。

1. 事件服务系统分类

按照订阅模型，事件服务系统可以分为三种：基于主题的系统、基于内容的系统和基于类型的系统[1,2]。基于主题的系统将所有的事件按照主题来规定订阅者的兴趣和事件的特性，一个主题在逻辑上对应于一个通道或者一个组播组，因此基于主题的系统也称为"基于通道"的系统或者"基于组"的系统。主题抽象容易理解，而且它的实现可以利用已有的组播机制，因此非常高效。但是，它的表达能力有限。在基于内容的发布订阅系统中，订阅者在事件内容上来指定约束条件，表达它们的兴趣。系统根据事件内容是否满足订阅者指定的约束条件来判断它是否需要发送给某个订阅者。基于内容的发布订阅系统表达能力较强，这类系统可以采用较为复杂的事件模型，订阅者可以表达复杂的兴趣。基于类型的系统把面向对象的类型模型引入发布订阅系统中，是一种根据事件类型来过滤事件的订阅模型。在基于类型的订阅模型中，每个事件对象属于某种特定的事件类型，事件对象中封装了属性和方法；订阅对象封装了订阅条件，订阅条件给出了感兴趣的事件类型。基于类型的发布订阅系统的表达能力在基于主题的系统和基于内容的系统之间。

iVCE 采用表达能力较强的基于内容的系统以实现自主元素的交互。基于内容的系统根据采用的事件模型不同又可以分为基于 Map 事件模型的系统和基于可扩展标记语言（eXtensible Markup Language，XML）的系统。基于 Map 事件模型的系统中，事件模型包含多个属性，每个属性由一个三元组表征：（名字，数据类型，值域），表示属性的名字、数据类型和可能的取值范围。属性的数据类型可以是整型、浮点型、字符串或者集合等。事件的内容为多个"属性=值"的集合，如一个事件可以是 $\{A_1=$ "IBM", $A_2=25\}$。订阅则由在一些属性上的一系列约束构成，约束的形式可以表示为（属性，操作符，值）。约束的操作符可以是等于、大于、小于、前缀匹配、后缀匹配、中缀匹配、集合属于、包含关系等。例如，一个订阅可以是（$A_1<35, A_2*<$ "love"），其中"$*<$"为前缀匹配符。基于 XML 事件模型的系统中，每个事件是一个良定义的 XML 文档，其中包含了对 XML 文档中多个元素和属性的取值；订阅则是 XPath 表达式，其中包含了对 XML 文档结构的约束和对感兴趣元素和属性取值的约束。因此，订阅者在生成订阅的 XPath 表达式时，需要知道包含事件的 XML 文档所遵从的 XML Schema。

iVCE 采用目前应用更广泛的基于 Map 事件模型的系统。这种系统可以分为两类：基于代理（broker-based）的系统和无代理（broker-less）的系统。基于代理的系统中，每个节点作为一个事件服务的代理，并由这些代理构成的网络来完成发布订阅服务；而在无代理的系统中，节点一般组织成结构化对等网络（structured peer-to-peer networks），并用汇聚节点（rendezvous point nodes）来聚集匹配的订阅和事件。这两种系统分别适用于虚拟计算环境中底层网络结构不同的应用。如果应用的运行节点由一个或多个组织拥有的主机构成，则适合采用基于代理的系统；如果应用的运行节点包含 Internet

中大量边缘主机（如网络监控应用中大量自主加入的个人主机），则适合采用无代理的系统。

2. 基于代理的系统

基于代理的发布订阅系统中，多个代理组成特定的拓扑结构（如树形、无环图、Mesh 网或者一般图），订阅者和发布者以客户端的形式连接到系统的某个代理。订阅者或发布者先把订阅或事件发送给它所连接的代理，再由该代理负责订阅或事件在系统中的传播。基于代理的发布订阅系统分为三种：基于过滤器（filter-based）的系统[3,4]、基于组播（multicast-based）的系统[5,6]和混合系统[7]。

1）基于过滤器的系统

基于过滤器的系统是目前研究最多的发布订阅系统。这种系统中订阅存储于系统中的多个代理，而代理在收到事件后，根据它存储的订阅决定事件是否转发给某个邻居代理。按照这种方式，事件将在代理间进行逐跳转发，最终路由到相应的订阅者。因此代理中存储的所有订阅将作为事件转发的路由表（Publication Routing Table, PRT）。PRT 中每个订阅 sub 的存储形式为（sub, lasthop），其中 lasthop 表示该订阅从哪个代理转发而来。图 5.6 给出了基于过滤器系统的示例。图 5.6 中，事件首先从发布者发送到代理 1，然后在代理间逐跳转发到达代理 8，最后由代理 8 把事件发送给订阅者。

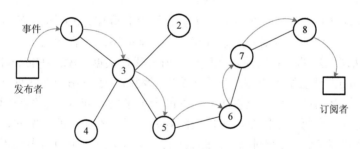

图 5.6　基于过滤器的系统示例

2）基于组播的系统

基于组播的系统把事件空间划分为多个子空间，并把系统中的代理组织为多棵组播树，分别负责一个事件子空间。订阅存储于一棵或多棵组播树中的某个节点；而事件则先通过代理间拓扑结构发送到对应的组播树，然后再转发到该组播树的所有代理。图 5.7 给出了基于组播系统的示例。图 5.7 中，事件对应组播树 2，因而代理 1 收到事件后，先发送到组播树 2 的某个节点，即代理 3，然后再通过代理 3 转发给组播树 2 中的所有节点。

基于组播的系统中，每个代理仅需要存储少量的订阅。然而，事件可能转发给本身并不需要或者也不需要通过它来转发的代理（如图 5.7 中，事件会转发给代理 2），造成事件转发时带宽开销较大。基于组播系统的另外一个问题是它的性能严重依赖于事件空间的划分组播树节点的选择。合理地划分事件空间和选择组播树节点是一个具有挑战性的问题。

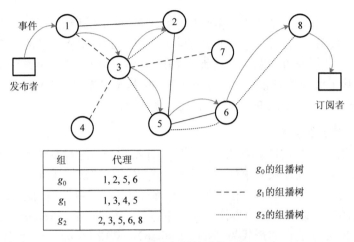

组	代理
g_0	1, 2, 5, 6
g_1	1, 3, 4, 5
g_2	2, 3, 5, 6, 8

———— g_0 的组播树

- - - - g_1 的组播树

·········· g_2 的组播树

图 5.7　基于组播的系统示例

3）混合系统

为了在代理订阅存储量与事件转发带宽开销上取得较好的平衡，研究者提出一种混合方法 Kyra[7]，把基于过滤器的系统和基于组播的系统结合起来。

Kyra 用两层互连的拓扑实现。在底层，所有代理根据 HAC（Hierarchical Agglomerate Clustering）算法组织成多个互不相交的子网络，子网络中的代理互相连接。在第二层构建多棵路由树，分别负责所有事件的一个子集。同时，事件空间也分别在两个层面进行划分。在每个子网络，事件空间划分为多个不相交的子空间，分别由该子网络中的一个代理负责，代理收到订阅后，把它发送给同一子网络中负责该订阅的代理。这个过程称为订阅转移。全局来看，事件空间也划分为多个不相交的子空间，分别由一个路由树负责。Kyra 中，如果某个代理负责的子空间和某棵路由树负责的子空间有交集，则该代理加入该路由树。订阅在路由树中以与基于过滤器系统相同的方法传播和存储。当事件发布后，它将首先转发给同一个子网络中负责该事件的代理，然后通过该代理在对应的路由树中以和基于过滤器系统相同的方式转发。图 5.8 给出了 Kyra 的示例。图 5.8 中，代理 1 收到事件后，将把该事件发送给子网络中负责该事件的代理 3，然后代理 3 在路由树 3 中把事件转发给代理 8。

实验表明，与基于过滤器的系统和基于组播的系统比较，Kyra 可以在代理订阅存储量和事件转发带宽开销方面取得较好的平衡。然而，Kyra 的实现也面临与基于组播的系统相同的问题，即需要合理的事件空间划分，同时子网络和路由树的构建也需要消耗较多的带宽。

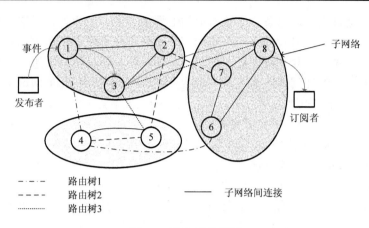

图 5.8　混合系统示例

3. 无代理的系统

无代理的系统中，没有专门的代理节点来存储订阅和路由事件，系统中所有的节点都可能是发布者和订阅者。这种系统一般基于结构化对等网络，并用汇聚节点来聚集相关的订阅和事件。值得注意的是汇聚节点和代理不同，它本身可能是发布者或者订阅者。

系统的正确性要求所有匹配的事件和订阅在系统中相遇，即如果事件匹配订阅，必须存在一个汇聚节点，事件和订阅都会聚集到该汇聚节点。订阅和事件聚集的方法可以分为基于属性值和属性名两类。接下来先简单介绍结构化对等网络，然后介绍基于名的系统和基于值的系统。

1）结构化对等网络

结构化对等网络由于其高效的路由性能，成为构建发布订阅系统的良好选择。目前，研究者一般采用两种结构化网络作为构建发布订阅系统的底层覆盖网。第一种是通用架构的结构化对等网络，一般用 DHT 实现[8,9]；第二种是定制架构的结构化对等网络，如 Mercury[10]。DHT 中节点和资源都有一个逻辑标识，并位于同一个标识空间。因此，基于 DHT 的发布订阅系统中，订阅和事件首先要通过某种方式对应到一个或多个逻辑标识，然后映射到汇聚节点。

2）基于名的系统

基于名的事件匹配方法利用事件模型中的属性名字来分布负载。其基本思路是，如果事件匹配订阅，则事件的属性集合是订阅属性集合的超集。代表性的工作有 Ferry[11] 和 Eferry[12]。

Ferry 致力于在 DHT 上提供通用的发布订阅服务，它通过哈希单个属性名来选取汇聚节点。对于订阅，Ferry 选取订阅属性集合中的某个属性，并哈希该属性得到一个哈希值，然后把订阅发送给负责该哈希值的汇聚节点；对于事件，选取事件属性集合的所有属性，并对每个属性得到一个哈希值，然后把事件发送给负责这些哈希值的多个汇聚节点。汇聚节点收到事件后，把该事件和所有它存储的订阅进行匹配操作，并把事件转发给相应的订阅者。为了减少带宽开销，Ferry 利用 DHT 网络中内在的组播树来转发事件。Ferry 的缺点是它仅引入了少量的汇聚节点（相当于事件模型中的属性个数），因而每个汇聚节点的负载较重。

与 Ferry 使用单个属性名来哈希不同，Eferry 使用属性集合的哈希值来选取汇聚节点。对于订阅，Eferry 哈希其属性集合，并发送该订阅到负责该哈希值的汇聚节点；对于事件，Eferry 选取其属性集合的每个子集做哈希，并发送该事件到分别负责某个哈希值的多个汇聚节点。因此相比于 Ferry，Eferry 大幅度增加了汇聚节点的个数。然而，Eferry 中，事件发布需要更多的网络带宽开销。

3）基于值的系统

基于属性值的方法把属性取值范围划分为多个子区域，并聚集处于相同子区域的事件，订阅则根据它所覆盖的子区域聚集。这类方法本质上只支持数值类型的属性，因而较难支持复杂的应用。根据索引结构的不同，这些系统可以进一步分为采用多个一维索引结构（Multiple Single-Dimension Indexing Structures，M-1D）的系统和采用一个多维索引结构（Single Multiple-Dimension Indexing Structure，S-MD）的系统。M-1D 使用事件模型中所有的属性来索引订阅和事件，这方面代表性的工作有 HyperSub[13] 和 Meghdoot[14]等。S-MD 使用事件模型中的单个属性来索引订阅和事件，代表性的工作有 Mercury[10]、COBAS[15]和文献[16]等。

5.1.3　基于属性流行度的事件匹配方法

iVCE 采用基于名的事件服务系统作为自主元素协同的底层机制。基于名的系统属于无代理的事件服务系统，能较好地适应互联网大量分散主机的应用环境；同时，基于名的系统相比基于值的系统有更高的通用性。但是，基于名的系统最大的问题是在引入较多汇聚节点分散负载时，其带宽开销显著增长。针对该问题，本章提出了基于名系统事件匹配的通用模型，进而在通用模型的基础上，提出了基于属性流行度的事件匹配方法（Popularity-based Event Matching，PEM）。PEM 利用了实际发布订阅系统中属性在订阅和事件中出现不均衡的特性，定义集合 PASet（Popular Attribute Set）包含系统中流行的属性。PEM 用 PASet 来为订阅和事件选择汇聚节点。与现有方法比较，PEM 以增加少量订阅存储的代价，大幅度减少了事件发布时需要的带宽开销。

1. 基于名系统事件匹配的通用模型

基于名事件匹配方法的发布订阅系统使用结构化对等网络作为底层覆盖网。其订阅和事件首先通过哈希方法对应到一个或多个逻辑标识（logic key），然后再路由到对应的汇聚节点。

为方便讨论，先定义以下符号：

（1）S：事件模型中的所有属性的集合。

（2）N：S 中属性的个数。

（3）A_e：事件 e 的属性集合，如在宠物搜索应用中一个事件 $e = \{A_1 = \text{"dog"}, A_2 = 30(\text{Pounds}), A_3 = \text{"young"}\}$ 的属性集合 $A_e = \{A_1, A_2, A_3\}$。

（4）A_s：订阅 s 的属性集合。

（5）对任意一个元素 el，定义 N_{el} 为负责 el 哈希值的汇聚节点。

事件匹配方法从事件的角度考虑匹配问题，可以归结为面向事件的方法；从订阅的角度考虑匹配问题则可以得到面向订阅的方法。本节给出了面向事件和面向订阅方法的一般定义，并在此基础上，提出了事件匹配的通用模型。

1）面向事件的方法

给定事件 e，定义集合 $S_e \subseteq 2^{A_e}$ 和一个属性集上的函数 f 满足以下条件：

对每一个属性集合 AS，如果 $\text{AS} \subseteq A_e$，则 $f(\text{AS}) \in S_e$。

对 S_e 中的每个元素 el，事件 e 发布到汇聚节点 N_{el}；而订阅 s 则存储到汇聚节点 $N_{f(A_s)}$。

对任意匹配 e 的订阅 s，有 $A_s \subseteq A_e$，所以 $f(A_s) \in S_e$，这样匹配对 (e, s) 将在汇聚节点 $N_{f(A_s)}$ 相遇。订阅 s 存储于一个汇聚节点，而事件 e 需要发布到 $|S_e|$ 个汇聚节点。为了计算系统中汇聚节点的个数，考虑一个含有所有属性的事件：即如果 $A_e = S$，则 $|S_e|$ 为系统中汇聚节点的个数。这表明，为了引入更多汇聚节点来平衡负载，将导致事件发布时消耗更多带宽。Ferry[11] 和 Eferry[12] 都可以归结为面向事件的方法。

2）面向订阅的方法

给定一个订阅 s，定义集合 $S_s \subseteq 2^{A_s}$ 和一个属性集上的函数 g 满足以下条件：

对每个属性集合 AS，如果 $A_s \subseteq \text{AS}$，则 $g(\text{AS}) \in S_s$。

对 S_s 中的每个元素 el，订阅 s 注册到汇聚节点 N_{el}；事件 e 发布到汇聚节点 $N_{g(A_e)}$。

对任意匹配 s 的事件 e，有 $A_s \subseteq A_e$，所以 $g(A_e) \in S_s$，这样匹配对 (e, s) 将在汇聚节点 $N_{g(A_e)}$ 相遇。

3）通用模型

通过对面向事件方法和面向订阅方法的分析可知，基于名的系统中实现正确事件匹配的关键是匹配的订阅和事件能够通过哈希方法定位到同一个汇聚节点，因而，可以得到事件匹配的通用模型。

给定事件 e 和订阅 s，定义集合 S_e 和 S_s，订阅 s 根据 S_s 中每个元素的哈希值而存储到系统中的汇聚节点；事件 e 根据 S_e 中每个元素的哈希值而发布到系统中的汇聚节点。为了保证所有匹配对（事件，订阅）在系统中相遇，如果 $A_s \subseteq A_e$，则 S_s 和 S_e 满足

$$S_s \bigcap S_e \neq \varnothing \tag{5.1}$$

该通用模型揭示了基于名的系统实现正确事件匹配的本质。

在该模型中，订阅 s 需要存储到 $|S_s|$ 个汇聚节点；事件 e 需要发布到 $|S_e|$ 个汇聚节点。因此为了提高系统性能，需要控制 S_s 和 S_e 的大小。显然，面向事件的方法和面向订阅的方法可以看成通用模型的平凡情况。

面向事件的方法存储订阅于一个汇聚节点，因而所有与该订阅匹配的事件都必须发布到该汇聚节点，导致汇聚节点的事件处理负载过重。相反，面向订阅的方法的缺陷是汇聚节点的订阅存储负载过重。通用模型由于可以更灵活地选择 S_s 和 S_e，所以可以在两种负载之间取得更好的平衡。由于通用模型从订阅和事件两方面考虑匹配问题，所以，基于通用模型一般表示的事件匹配方法可以称为混合方法。图 5.9 在抽象层面上展示了事件匹配的三类方法。图 5.9 中，订阅者和发布者用白色节点表示，而汇聚节点用深色节点表示，订阅和事件都通过哈希方法路由到汇聚节点。图中哈希函数的参数 1、2 和 3 非实际内容，只用来表明它们是不同的哈希元素。在图 5.9(c) 中，订阅者存储订阅到 S_s 对应的汇聚节点集，而发布者发布事件到 S_e 对应的汇聚节点集，这两个集合有交集就可以保证匹配的订阅和事件在系统中相遇。

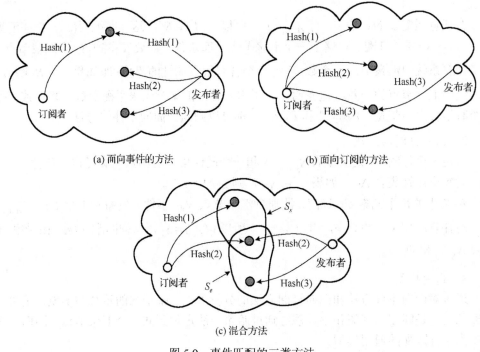

(a) 面向事件的方法　　　　　　　　　　(b) 面向订阅的方法

(c) 混合方法

图 5.9　事件匹配的三类方法

2. PEM 的设计与实现

在实际的发布订阅系统中，属性的分布是不均匀的。一些属性因为被多数用户关心而在大部分订阅和事件中出现。这些属性称为流行属性。例如，在典型的股票信息分发系统中，"公司名""开盘价""收盘价""最高价"等是流行属性。

PEM 利用属性的流行度信息来定义订阅和事件的发送集合。定义集合 PASet 包含应用中流行的属性。PASet 可以包含不同个数的属性。

PEM 基于 PASet。在 PEM 中，给定订阅 s 和事件 e，发送集合 S_s 和 S_e 可以定义为

$$S_s = \{\text{AS} \mid \text{AS} \supseteq A_s \ \& \ \text{AS} \subseteq A_s \bigcup \text{PASet}\} \tag{5.2a}$$

$$S_e = \{\text{AE} \mid \text{AE} \subseteq A_e \ \& \ \text{AE} \supseteq A_e \bigcap \text{PASet}\} \tag{5.2b}$$

由定义可知，S_s 和 S_e 的元素都是属性集合。其中 S_s 的每个元素是 A_s 的超集和 $A_s \bigcup \text{PASet}$ 的子集。由于 PASet 包含系统中的流行属性，所以集合 $A_s \bigcup \text{PASet}$ 仅略大于集合 A_s，使得发送集合 S_s 的规模不大。同样的分析也表明 S_e 的规模也不大。

为了保证匹配方法的正确性，如果事件 e 匹配订阅 s，发送集合 S_s 和 S_e 的交集必须不为空。为此，有如下定理。

定理 5.1　如果 $A_s \subseteq A_e$，那么有

$$S_s \bigcap S_e = \{A_e \bigcap (A_s \bigcup \text{PASet})\} \tag{5.3}$$

根据集合论的知识，容易证明定理 5.1 的正确性。同时，根据混合方法的定义，定理 5.1 保证了 PEM 的正确性。定理 5.1 的结果表明，如果订阅 s 和事件 e 匹配，则它们的发送集合的交集仅含有一个元素，这表明匹配的事件和订阅仅在一个汇聚节点相遇（若匹配的订阅和事件在多个汇聚节点相遇，将造成带宽的浪费）。

3. PEM 性能分析

因为当 PASet $= \varnothing$ 时，PEM 退化到 Eferry。这里通过比较 PEM 和 Eferry 的性能来分析 PASet 的效能。

在 PEM 中，每个事件 e 需要发布到 $|S_e|$ 个汇聚节点。根据集合论的知识，容易证明定理 5.2。

定理 5.2　如果 $|A_e| = n$，并且 $|A_e \bigcap \text{PASet}| = t$，则有

$$|S_e| = 2^{n-t} \tag{5.4}$$

在 Eferry 中，如果 $|A_e| = n$，则有 $|S_e| = 2^n$。因此，PEM 中一个事件需要发送的汇聚节点个数只有 Eferry 中的 2^{-t}。因为 PASet 包含系统中的流行属性，假设 k 为 PASet 中的属性个数，则对于大多数事件来说，t 等于或略小于 k。因此，相比于 Eferry，PEM 能够大幅度地降低事件发布时需要的带宽开销。显然，若 PASet 中属性个数越大，PEM 用于事件发布的带宽开销越小。

订阅 s 需要存储到 $|S_s|$ 个汇聚节点，根据集合论的知识，容易证明定理 5.3。

定理 5.3　如果 $|A_s \cap \mathrm{PASet}| = r$，并且 $|\mathrm{PASet}| = k$，则有

$$|S_s| = 2^{k-r} \qquad\qquad (5.5)$$

类似于定理 5.2 中的 t，对于大多数订阅来说，r 等于或略小于 k，因此 $k-r$ 为一个较小的值。所以相比于 Eferry，PEM 仅略微增加了订阅存储时的带宽开销。显然 k 越大，PEM 中用于订阅存储的带宽开销越大。

5.1.4　移动环境中高效订阅树重建方法

随着移动网络技术的发展，越来越多的智能移动设备接入互联网。因此，虚拟计算环境中越来越多的自主元素将运行于智能移动设备中。因此，必须要有高效的事件服务系统来支持运行于移动设备的自主元素之间的交互。本节提出一种在移动环境下高效的订阅树重建方法。

1. 移动环境中的发布订阅系统

移动环境中的发布订阅系统中，每个移动订阅者和发布者都与一个代理相连，以接入网络；代理之间互连，并构成基于过滤器的发布订阅网络。

由于移动终端有限的通信范围，当它移动到新的位置时，无法跟原来连接的代理通信，所以必须通过连接与之较近的代理从而接入系统。图 5.10 给出了这种场景。下面为叙述方便，称订阅者移动前连接的代理为原代理，而移动后连接的代理为新代理。

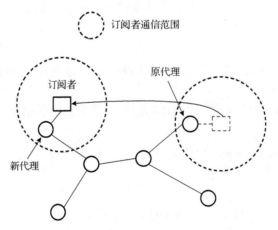

图 5.10　移动环境中订阅者移动场景

订阅者移动到新位置以后，需要重建它的所有订阅以使得事件能正确转发。由于每个订阅由与订阅者连接的代理负责在网络中传播，所以每个订阅在代理网络中的组织结构是一棵以该代理为根的订阅树，树中每个节点为系统中的某个代理，事件则沿着订阅传播的逆向路径在订阅树中逐跳往上转发，最后到达根节点（即订阅者所连接

的代理节点），然后由根节点负责把事件发送给订阅者。图 5.11 是某个订阅的订阅树示例，其中代理 1 为根节点。

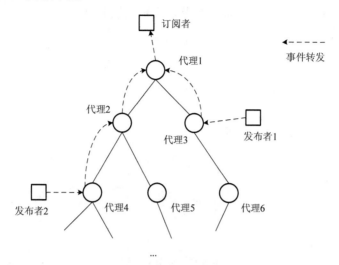

图 5.11　订阅树示例

因此，订阅树重建需要把以订阅者原代理为根的订阅树转化为以新代理为根的订阅树。现有的订阅树重建方法可以分为三种：第一种是从新代理出发完全重建订阅树，然后原代理发出取消订阅的操作，从而取消原来的订阅树，这种方法称为"订阅-取消"（sub-unsub 或 subscribe-unsubscribe）[17]，该方法重建开销较大，但事件转发延迟较小；第二种方法则是为每个移动的订阅者设置一个本地代理（home broker）[18]，所有事件从本地代理发给新代理，因而可以完全重用原来的订阅树，该方法重建开销较小，但事件转发延迟较大；第三种方法通过逐跳修改从新代理到原代理的订阅来重建订阅树，这种方法称为多跳传递（Multi-Hop Handoff，MHH）[19]，该方法虽然会使少部分事件转发延迟变小，但大部分事件转发延迟将增大。

2.　订阅树重建方法

sub-unsub 方法由于订阅树从新代理重新生成，所以事件延迟较小，但重建开销较大。为此，本节提出订阅树重建方法（Subscription Tree Reconstruction from New Broker，STRN），充分利用原有订阅树的结构来减少重建开销。

STRN 方法中，当订阅者连接到新代理时，与 sub-unsub 方法类似，从新代理出发向系统注册订阅。但是与 sub-unsub 方法不同的是，STRN 充分利用原有订阅树的结构来构建新订阅树。STRN 中，如果接收到订阅的节点是原订阅树的一个节点，则称该节点为接触节点（contact broker）。接触节点将不再向自己的子节点转发订阅。当取消订阅的消息从原代理出发到达接触节点时，接触节点也不转发该消息给自己的子节点。显然，相比于 sub-unsub 方法，STRN 方法可以减少重建时的消息开销。事实上，STRN

减少了以原代理为根的订阅树和以新代理为根的订阅树的重叠部分（即以接触节点为根的子订阅树）订阅消息和取消订阅消息的传播。图 5.12 是 STRN 方法的图示，其中虚线连接的节点表示原订阅树，而黑色节点表示接触节点。

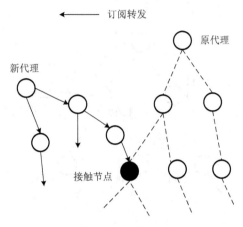

图 5.12　STRN 方法

接下来先介绍 STRN 在无环图上的实现，再把它扩展到一般图上。

STRN 无环图拓扑实现 sub-unsub 方法中，接触代理 u 在收到来自 v 的订阅后，设需要从 u 处接收订阅的节点的集合为 u(sub-unsub)。同时在原订阅树构建时，设从 u 处接收到订阅的节点的集合为 u(original)，则显然 u(sub-unsub) − {v'} = u(original) − {v}，其中 v' 为 u 在原订阅树上的父节点。因为在无环图中，所有节点间的路径只有一条，所以在原订阅树构建时，所有从 u 处收到订阅的节点都为 u 的子节点，因而 u(original) 为 u 在原订阅中的子节点集合。因此，如果重用原订阅树的结构，u 将不需要转发订阅给它在原订阅树中的子节点，而只需判断它在原订阅树中的父节点是否需要订阅。

为了在取消订阅时定位接触代理，每个接触代理在接收到订阅消息时，为订阅建立 contact_tag 标记。而在取消订阅时，若 contact_tag 标记已经设置，则不需要把取消订阅消息转发给子节点。

接下来详述 STRN 的实现。在基于过滤器的发布订阅系统中，每个订阅作为事件转发的一个路由表项，所有的订阅都构成一个事件转发路由表（Publication Routing Table，PRT）。PRT 中每个订阅 sub 的存储形式形如（sub, lasthop），其中 lasthop 表示订阅转发时上一跳的邻居节点。广告由事件发布者发起，它刻画了该发布者接下来一段时间发布的事件的特征。广告的形式类似于订阅，如一个广告可以是{A_1>20, A_2<30}。该发布者接下来发布的事件都在广告的范围以内，直到广告被取消。因此广告实际上定义了一个事件集合。将广播到系统中每一个代理，广告存储到代理以后，就作为订阅转发的路由表来指导订阅的转发。因此广告以类似订阅的形式存储：（adv, lasthop）。代理中存储的所有广告可以看成一个订阅路由表（Subscription Routing Table，SRT）。

代理接收到一个订阅 sub 以后,与 SRT 中的广告比较,若订阅和某个广告相关,则需要把该订阅转发给相应的邻居。

STRN 中,如果代理 u 接收到来自于代理 v 的订阅 sub 后,分两种情况处理:如果 u 不是原订阅树的节点,则按照正常订阅转发操作进行;否则 u 进行以下三个操作:

(1)把 PRT 中的(sub, w)修改为(sub, v),其中 w 为节点 u 在原订阅树上的父节点。

(2)节点 u 通过 SRT 判断原订阅树上的父节点 w 是否需要该订阅,若需要,则把订阅发送给 w。

(3)为订阅 sub 设置 contact_tag 标记。

由于原订阅树中的每个节点已经存储有订阅,所以,当订阅在原订阅树中传播时,可以用订阅的全局编号来代替订阅以节省带宽开销。为了叙述方便,后面将不区别订阅和它的编号,凡是在原订阅树中传播的订阅即代表订阅编号。

当新订阅树构建完成后,原代理发出 unsubscribe 消息以取消订阅,该消息在原订阅树中传播。当节点接收到 unsubscribe 消息时,删除 PRT 中的订阅项。若订阅的 contact_tag 标记已经设置,则丢弃该消息,并删除 contact_tag 标记;否则把该消息发送给自己的子节点。

位于原订阅树上的代理节点在收到从新代理发来的订阅时,将把 PRT 中指向原代理的订阅修改为指向新代理的订阅,因此,STRN 确保重建期间新订阅树上的每个代理节点只含有一个订阅表项。

STRN 方法在重建完成后满足以下两点:

(1)原订阅树中不正确的订阅已经被取消。

(2)事件通过新订阅树能够正确转发到新代理。

引理 5.1　如果原订阅树中某个节点 u 属于新订阅树,则在原订阅树中以 u 为根的子订阅树的所有节点也属于新订阅树。

用归纳法容易证明引理 5.1。根据引理 5.1,容易得出定理 5.4。

定理 5.4　如果原订阅树中某个节点没有收到 unsubscribe 消息,则该节点必然是新订阅树的某个节点。

定理 5.4 保证了原订阅树中不正确的订阅在重建完成后已经被取消。

原订阅树中的节点如果没有收到订阅消息,则它将保持它的订阅表项不变,因而有引理 5.2。

引理 5.2　如果某个代理 u 在新订阅树中的父节点 v 为 u 在原订阅树的子节点,则 v 收到了订阅消息。

为了保证重建完成后事件能够正确转发到新代理,根据引理 5.2,容易证明定理 5.5。

定理 5.5　对于无环图拓扑,在相同的网络条件下,如果采用 STRN 方法生成的订阅树记为 T(STRN),而采用 sub-unsub 方法生成的订阅树记为 T(sub-unsub),则 T(STRN)=T(sub-unsub),这说明 STRN 方法生成的订阅树与 sub-unsub 方法生成的订阅树相同。

　　STRN 一般图拓扑中，由于系统中节点间存在多条路径，所以在原订阅树构建时，从节点 u 处接收到订阅的节点 v 并不一定是 u 的子节点，这是由于 v 可能已经从另外一条路径收到了订阅，从而丢弃了从 u 发来的订阅。图 5.13 给出了这种情况。

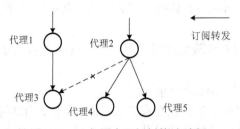

图 5.13　一般图中订阅树构造过程

　　图 5.13 中，代理 3 虽然收到了来自代理 2 的订阅消息，但是由于之前已经收到了来自代理 1 的订阅消息，所以代理 3 将作为代理 1 的子节点，而不是代理 2 的子节点。

　　因而，在一般图中，代理并不能通过 PRT 和 SRT 判断某个邻居是否为自己的子节点。为了解决这个问题，代理为每个订阅建立一个丢弃表（droppedList），丢弃表中每个元素表示一个邻居代理，并且该邻居代理丢弃了来自自己的订阅。为了构建丢弃表，代理 u 收到来自代理 v 的订阅消息后，根据不同的处理区分 ACK 消息：如果 u 之前已经接收到同一个订阅，则 u 发送 $ACK_{dropped}$ 消息给 v；反之，u 发送 $ACK_{received}$ 消息给 v。v 在收到来自 u 的 $ACK_{dropped}$ 消息后，把 v 加入 droppedList，并且发送 $ACK_{dropped}$ 消息给自己的父节点。为了 $ACK_{dropped}$ 消息不被重复发送，每个代理在给父节点发送 $ACK_{dropped}$ 消息后，为该订阅设置 stop_tag 标记。

　　如果代理 v 是代理 u 的 droppedList 中的一个元素，则 v 在收到从 u 发来的订阅消息前已经从别处收到了订阅消息，因此，虽然 v 不是 u 的子节点，但仍然属于订阅树。

　　引理 5.3　如果代理 u 属于订阅树，则 u 的 droppedList 中的代理也属于订阅树。

　　丢弃表仅略微增加了代理的存储负载。另外，虽然节点在收到 $ACK_{dropped}$ 消息后，需要向其父节点转发，因此订阅注册需要占用更多的网络流量。然而，由于 $ACK_{dropped}$ 消息体为订阅的 ID，并且每个代理仅向其父节点转发一次 $ACK_{dropped}$ 消息，所以 $ACK_{dropped}$ 消息的传播仅增加少量的网络带宽开销。

　　为了在订阅者多次移动的情况下保证 STRN 方法的正确性，代理的 droppedList 和 stop_tag 要与当前订阅树保持一致。因此，若代理 u 属于原订阅树，则当新订阅树构建时，必须更新 droppedList 和 stop_tag。为此，需要给 u 建立一个新订阅树的 droppedList 和 stop_tag，记为 droppedList′和 stop_tag′。

　　代理 u 收到来自 v 的订阅消息后，如果 u 属于原订阅树，u 在一般图上的操作如下：

　　（1）发送订阅给 droppedList 中的每一个代理，并删除 droppedList。

　　（2）若 droppedList′不为空，则发送 $ACK_{dropped}$ 消息给 v，并设置 stop_tag′标记。

（3）若作用于原订阅树的 stop_tag 存在，则删除该 stop_tag，否则给 u 在原订阅树中的父节点发送 $ACK'_{dropped}$ 消息。

每一个代理在收到来自 v 的 $ACK'_{dropped}$ 消息后，把 v 加入自己的 droppedList'。

另外，一般图中节点间可能存在多条路径，因此在订阅传播过程中，代理可能从不同邻居接收到同一个订阅。由于第一个到达的订阅所走的路径一般会使得自己到新代理的延迟较小，所以一般的策略是保留第一个到达的订阅。当第一个订阅到达时，节点为订阅设置 prepared_tag 标记。代理 u 在收到来自代理 v 的订阅消息时，若该订阅的 prepared_tag 标记已经设置，则 u 丢弃该订阅，并发送 $ACK_{dropped}$ 消息给 v。

为了保证重建完成后事件能够正确转发到新代理，有如下定理。

定理 5.6　在相同的网络条件下，如果采用 STRN 方法生成的订阅树的节点集合记为 $N(STRN)$，而采用 sub-unsub 方法生成的订阅树的节点集合记为 $N(sub\text{-}unsub)$，则 $N(STRN)=N(sub\text{-}unsub)$。

通过归纳法容易证明定理 5.6 的正确性。

对于任何一个发布者 P，如果 P 通过 sub-unsub 方法生成的订阅树中的节点 u 把事件发送给新代理，u 也会属于采用 STRN 方法生成的订阅树，因而，在 STRN 方法中，P 所发布的事件也将通过 u 发送到新代理。这个结果保证了 STRN 方法的正确性。

5.2　协同激励机制

本节介绍虚拟资源的协同激励机制。首先通过对典型的自主资源系统进行分析，指出当前的挑战与问题，然后介绍协同激励机制的基本概念，以及相关的国内外研究工作，最后介绍 iVCE 在面向自组织信誉机制方面的工作。

5.2.1　挑战与问题

在开放环境下，自主元素能否/如何实现有效协同？以 P2P 系统为例，P2P 系统的基本理念是节点地位平等，基于自发的资源共享实现互利互惠。研究表明，由于没有集中管理，节点行为的完全自主，使其表现出一些"社会性"的问题。以 P2P 文件共享应用为例，有如下一些现象。

1. Free-Riding

Free-Riding 现象[20-22]广泛存在于 P2P 系统中。Free-Riding 表现为在使用其他节点提供的资源或服务的同时，却从不或很少向其他节点提供资源或服务。在 Gnutella 和 KaZaA 等文件共享网络中，测试表明其中存在比例很高的 Free-Riding 行为[23,24]。例如，2005 年对 Gnutella 的统计（见图 5.14）[25]，只有约 15%的节点提供了资源共享，绝大部分节点大都不共享或只共享了很少的资源。Free-Riding 泛滥，直接影响了 P2P 系统内部的平衡。提供资源共享的节点，最终有可能因为缺少回报，而选择放弃共享，开始 Free-Riding。从长远来看，这不利于系统自身的健康发展。

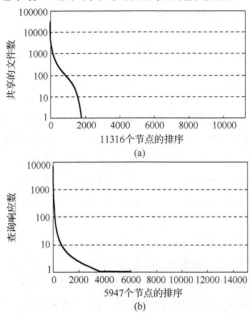

图 5.14　对 Gnutella 系统中 Free-Rider 的统计

2.　虚假资源和不可靠服务

虚假资源或不可靠服务的存在将直接导致系统内部服务失败的增多，降低系统整体的可用性。在 P2P 文件共享系统中，虚假文件是具有代表性的一类不可靠服务问题[26,27]。例如，对 KaZaA 中最流行的 100 个文件的统计（见图 5.15），其中虚假文件的比例平均超过了 50%[28]。同时，有研究[29]指出，P2P 用户下载错误文件后进行重试，在极端情况下会导致四倍的多余下载流量，又大大增加了 P2P 节点对于网络带宽的消耗。

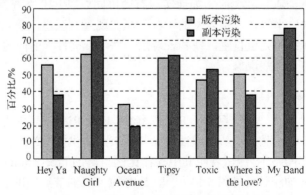

图 5.15　对 KaZaA 中虚假文件的统计

3. 公共悲剧问题

"公共悲剧"（tragedy of the commons）问题，是指网络带宽作为一种非排他占有的公共资源，被各种 P2P 节点无节制使用的现象[30,31]。据统计，Internet 主干网约 60% 的带宽被各类 P2P 文件共享应用所消耗，其中仅 BitTorrent 就占据了整个带宽消耗的约 30%。这种对于底层网络资源的过度消耗直接导致了其他网络应用受到影响，进而使得自组织系统本身的发展也受到一定的限制。例如，近年来出现的针对 BitTorrent 的管制以及协议抑制技术[32]表明，P2P 节点无节制使用网络带宽的行为不仅已经成为影响互联网应用价值[33]的重要问题，同时也使其自身的良性发展面临威胁。

社会系统下，假设个体是理性自觉的，其个体收益是决定行动决策的根源。不难发现，以上这几类问题虽然可能导致系统整体的可用性丧失，整体服务质量下降，制约系统的发展，但就节点个体而言，其行为则是出于理性的决策，具有一定的必然性。从这个意义上，这反映了社会系统中经常出现的，个体理性和社会选择的矛盾（即个体的最优不等价于系统整体的最优）。

合理的社会机制可能导向期望的社会协同。在互联网计算的大背景下，可以借鉴一些社会系统中的理论和方法，为研究和解决上述问题提供新的思路。

5.2.2　基本概念

1. 自组织特性

iVCE 的目标是通过互联网资源的"广泛聚合、综合利用"，为基于互联网的软件应用提供全面的、基础性的支撑。在互联网环境下，资源本身所具有的"成长、自治"的自然特性决定了，通过传统的集中控制手段实现资源的汇聚和管理，常常既不可能也不必要。因此，基于自组织的方式构造软件系统就成为实现互联网资源聚合和应用的一个重要途径。自组织（self-organizing），在此特指在开放的网络环境下，用户节点作为资源的所有者，基于"自愿参与、自主协同"的原则自发构造系统的行为。在此，将资源自组织所形成的软件系统称为自组织系统（环境）。典型地，目前在互联网上部署的绝大多数 P2P 系统（如 Gnutella、KaZaA、eMule、Pastry、BitTorrent、迅雷等）和一些基于用户自发参与的 Grid 系统（如 SETI@home、ClimatePrediction.Net 等）都是自组织系统的代表。

2. 自主元素行为的博弈模型

自主元素的理性行为表现为其参与系统的目的总是获取自身所需或感兴趣的服务，换句话说，追求自身收益的最大化是其所有参与行为的基本动机。

假设只有两个理性自主元素组成的共享环境，每个自主元素都存在"共享"和"不共享"两种不同的行为选择。设自主元素提供共享的开销为 v，下载所获得收益为 u，则由以下的博弈式可以看到 Free-Riding 现象事实上是一个典型的囚徒困境（prisoner dilemma）博弈[34]，即不论对方如何选择，理性自主元素的最优选择都是不共享，而在其博弈的均衡点上，系统中两个自主元素的总收益为 0，这显然是与鼓励自主元素积极贡献的目标相矛盾的，如表 5.2 所示。

表 5.2　Free-Riding 问题的博弈式

Free-Riders		自主元素 B	
		共享	不共享
自主元素 A	共享	$(u-v, u-v)$	$(-v, u)$
	不共享	$(u, -v)$	$(0, 0)$

3. 机制设计

机制设计的目的，可以理解为激励自主资源主动贡献，并达到整体的贡献与获取的平衡。

社会系统中，参与人的理性假设是其研究设计各种社会机制，实现社会目标的基础。从研究的角度，将每个参与者建模为具有特定偏好的个体，具体来说，对每个参与者 i，其对不同的社会输出 O，应该具有不同的效用评价 $u_i(O)$。在可以量化的前提下，通过一定的社会反馈 $P = (p_1, p_2, \cdots, p_n)$（假设 n 为参与者的数量），最终调整每个参与者的实际收益，即

$$v_i(O) = u_i(O) + p_i, \quad i = 1, 2, \cdots, n$$

从博弈的角度出发，社会均衡是指：参与各方在没有约定的前提下，都不会主动地调整其参与策略（或个人行为）a_i。原因在于社会输出本质上是所有个人参与行为导致的整体结果，也即

$$O = f(A), \quad 其中 A = (a_1, a_2, \cdots, a_n)$$

之所以称为均衡，是因为对任何一个个体而言，在其他参与者不改变策略的前提下，其单方面改变策略都不可能获得更高的收益。

根据机制设计思想，对于前述关于 Free-Riding 问题的博弈模型，如果系统对自主元素每次提供共享的行为进行一定的收益补偿 a，当 $a > v$ 时，根据以下的博弈式（见表 5.3）可以发现，（共享，共享）的策略组合将成为新的占优均衡。

表 5.3　基于对共享行为的补偿消解 Free-Riding 问题

Free-Riders		自主元素 B	
		共享	不共享
自主元素 A	共享	$(u-v+a, u-v+a)$	$(a-v, u)$
	不共享	$(u, a-v)$	$(0, 0)$

由于激励的前提是参与者都是具有利己（self-interested）特征的理性个体，因此激励机制设计的一个重要原则就是机制本身必须具有自实施（self-enforcing）的特性，

即在系统的运行过程中，该机制作用的发挥不需要依赖任何对参与个体行为的直接干预来实现。在社会学中，"一个制度设计如果不是自实施的，那么它就不可能是行之有效的"，这同样也是研究自组织虚拟计算环境下的激励机制所必须遵循的原则[34]。

参考社会模型，可以设计实现一些类似经济系统的协同机制。典型地，如虚拟货币（Mojo）和直接互惠（Bit Torrent）。然而，虚拟货币先天存在许多实现机制上的问题，以目前的技术手段，很难克服被伪造和篡改的风险，因此没有得到广泛的应用。Bit Torrent 的直接互惠机制是与其交互机制和应用类型紧密绑定的，目前除了文件共享应用，尚未在其他领域实现有效的应用。

不同于直接互惠的机制设计，信誉机制可以称为是实现了间接互惠的激励。

信誉也是来自社会领域的概念。对于社会人而言，信誉的好坏可能直接影响到其社会地位和利益获取。在计算系统中，将资源主体（具体到 iVCE，即自主元素）的参与行为（共享或获取）进行记录，同时搜集其他主体对其行为的评价信息，基于一定的数学模型，综合形成一个量化的"信誉值"（通常可称为信用或信誉）。

信誉（值）高，意味着该个体的行为可信，参与积极。从互惠的角度出发，其应该具有从计算环境中获取更多资源和更高质量服务的优先权——优先权的高低取决于信誉的高低。这种运作机制本质上和社会系统中的信誉是类似的。就 iVCE 所涵盖的计算类型来说，将信誉作为设计协同激励机制的核心，无论从理论上还是技术上，都具有更强的可行性。

4．基于信誉的激励机制

信誉的研究最初来源于社会学、经济学和心理学等领域。在计算科学领域，人们最初在多 Agent 系统（multi-agent system）的研究中引入了信誉的概念。关于如何定义信誉，不同的组织和研究者往往倾向于在自身所处的（研究）上下文中对其作出不同的描述：Sabater 和 Sierra[35]将信誉定义为"个体对事物的看法（opinion）或评价（view）"；Abdul-Rahman 和 Hailes[36]将信誉定义为"基于所掌握的主体信息或其历史行为对该主体行为的预期（expectation）"；Mui 等[37]将信誉定义为"一个主体基于历史行为所产生的对其意图（intention）和行为准则（norms）的感知（perception）"；Miztal[38]指出，"信誉可以通过挑选出可信的人来实现承诺，帮助管理好复杂的社会生活"。Chang 等[39]认为以上的对于信誉的定义或描述都没有充分考虑到时间和环境上下文因素可能对信誉产生的影响，指出：任意给定主体的信誉都是与一定的时间范围相对应的，而在不同的时刻，其所对应的环境上下文也不总是一样的，因此在定义信誉时必须要将这两方面的因素都纳入其中。为此，将信誉定义为"主体的信誉是对所有第三方主体对其推荐信息的综合，以反映该主体的质量特征"，其中推荐是其他主体对于被评价主体的一种信任评价。

在自组织虚拟计算环境下，定义自主元素的信誉如下。

定义 5.1　自主元素的信誉（reputation）是对于该自主元素在一段时间内参与系统过程中的历史行为的综合评价，反映了系统对其未来行为的预期。

以上定义可以视为对 Abdul-Rahman 定义、Hailes 定义和 Chang 定义在自组织虚拟计算环境下的具体化，在此定义中，强调以下几点：

（1）信誉本质上反映了自主元素的参与行为，是对其行为特征的评价。

（2）信誉评价的依据是自主元素在特定系统（环境）上下文中发生的客观行为。

（3）信誉是随时间动态变化的。

（4）信誉反映了系统中其他自主元素对于评价对象行为的主观期望。

在自组织虚拟计算环境中，自主元素的信誉评价是与其提供服务的行为直接相关的。构造自主元素信誉评价的基本过程是：两个自主元素间发生了服务关系后，首先由使用服务的一方对这次服务进行评价，服务评价信息提交给系统的信誉管理设施后，由其综合所有关于服务提供者（如图 5.16 所示，自主元素 i）的服务评价，基于一定的信誉模型给出 i 当前的信誉。

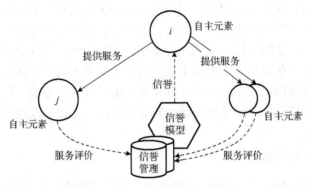

图 5.16　信誉评价的构造

信誉在实际使用的过程中通常用来作为服务选取的依据，也就是说，信誉较高的节点的服务总是倾向于被优先选取。Algirdas 等[40]认为，信任（trust）就是可接受的依赖关系（acceptable dependency），从这个意义上说，信誉也是节点之间的信任关系的一种反映，因此信誉通常也称为信任度、可信度或动态信任[41-44]。在自组织虚拟计算环境下，信誉等同于系统对于自主元素的信任程度，而从自主元素间相互信任的角度，信誉也是其信任关系的反映。

信誉机制作为提高自组织系统可用性的重要手段，其研究近年来受到了广泛关注。信誉作为对个体行为的一种综合评价，反映了其参与系统过程中对于系统本身的贡献（如是否共享自身的资源以及共享的多少）及其行为的可信程度（如是否提供真实可靠的资源和服务）。从这个意义上说，信誉是对个体行为特征的反映，体现了对其未来行为的预期。基于信誉的激励的基本思想是：在信誉评价的基础上，基于信誉的高低对自主元素提供差异性的服务。一方面，贡献积极服务可靠的自主元素，信誉通常较高，所能获得的服务也较好；另一方面，表现不佳的自主元素，较低的信誉决定了其通常难以获得满意的服务。因此，出于自身利益的需要，自主元素必须通过采取良好的行为积累信誉以获得更好的服务地位，从而达到激励其积极贡献和可靠服务的目的。

5.2.3　相关研究

信誉在计算机领域的最初应用是在电子商务领域。其中在以 eBay 为代表的电子商务系统中，买卖双方在交易完成后，需要分别就此次交易向信誉系统提交对对方的评价。信誉系统将用户最近几个月的所有买卖行为获得评价分别累加得到用户作为买方和卖方的信誉值，这两个信誉值将作为此后其他用户与之交易时的参考。在该信誉系统中，信誉的存储采用集中式的管理，不存在评价在传输过程中出错的危险，同时由于采取实名的交易系统，也避免了用户伪造交易或评价情况的发生。但是用户间互换好评的作弊行为仍然可能影响到 eBay 信誉评价的公正性，Dellarocas 等的分析[45-47]说明，eBay 的信誉系统成功之处在于在信誉的使用中用户个人的判断往往起到了关键性的作用。

随着 P2P、Grid 等自组织系统研究的兴起，分布式的信誉管理机制和基于推荐的全局信誉模型成为人们关注的焦点。在 P2P 环境下，由于集中的信誉管理设施必然带来额外的运营和管理代价[48]，加之系统庞大的规模可能使其成为性能瓶颈，存在单点失效风险①，所以集中式的信誉管理已不能适应自组织环境不断发展的需要，而分布式的信誉机制也逐渐成为了研究和关注的热点。在相关的工作中，一些学者建立了基于抱怨的信任管理方法[49]；Xiong 等[50,51]提出 PeerTrust，从多个角度对 P2P 中的信誉构造进行了论述；Wang 等[52]提出基于 Bayesian 网络的信誉模型；Cornelli 等[53]则针对 Gnutella 中的信誉机制进行改进，提出了 P2Prep 及改进的 Xrep；Yu 和 Singh[54]通过社会机制实现了信誉管理；Kamvar 等采用社会网络分析中的基于节点入度（in-degree）的中心性测量方法（centrality measurement），提出了基于推荐的全局信誉模型 EigenRep[26,55,56]；Aberer 等[49]提出从语义层和数据管理层次上阐述信誉管理问题的 DMRep。在国内，北京大学的杨懋[57]针对 Maze 文件共享网络中的共享激励和虚假文件问题提出了一种激励与信任相结合的信誉机制；窦文等[42]通过取消 EigenRep 模型中预信任节点假设提出非线性信誉模型；张骞等[43]针对不同服务类型信誉刻画差异提出多粒度的信誉模型（Multi-Grained Model，MGM），黄辰林等[44]基于时间相关的机制提出动态信誉模型 DWTrust 等。

1. 信誉模型

在现有的信誉模型中，根据评价对象和评价者的不同通常分为两类：局部信誉模型和全局信誉模型。

---

① 不仅是物理意义上的单点失效，也包含社会或法律意义上的单点失效，即由于政治、法律等原因导致可信（认证）服务器无法正常工作从而致使 P2P 系统崩溃，典型地，早期 Napster 被政府强行关闭就是一个例子。

局部信誉是指节点根据局部交易信息实现的信誉评价，信息来源包括直接交互经验和其他节点提供的推荐或者抱怨信息。Cornelli 等提出的 P2Prep 模型是局部信任关系建立信誉评价的代表，其通过在 Gnutella 网络邻居节点间的信任信息共享，采用投票的方式构造了节点的局部信誉。总体而言，局部信誉模型相对简单，需要的信息量较少，信誉计算的代价因此也较小，然而由于信誉信息来源较少，其信誉评价的准确性较差，并且在识别欺骗行为的能力上也存在一定不足。

全局信誉模型依靠所有节点之间的相互推荐构造基于全局信息的信誉评价，在此基础上建立全局一致的信誉视图。相对于局部信誉模型，全局信誉能够更加全面地反映系统整体对节点行为的看法，因此其准确性、客观性比较高，有利于节点不良行为的识别。从基于信誉实现激励的角度，全局信誉作为与节点相绑定的唯一信誉评价，相对于局部信誉，也更有利于利用网络拓扑的不对称性和节点能力的差异提供全局一致的激励。例如，可利用拓扑演化和广播覆盖度的差异实现对于不同类型节点的激励。

全局信誉模型的主要问题在于，由于使用了全局的信任信息，全局信誉的计算通常会产生较高的网络计算代价。信誉全局迭代产生的消息负载是全局信誉计算面临的最大问题，例如，在 EigenRep 模型中所采用的全局迭代算法，其复杂度高达 $O(n^2)$（n 为系统的规模），这在很大程度上限制了该模型的可行性。另一方面，通常情况下，全局信誉的求解算法收敛速度也较局部信誉模型更慢。

从节点间相互建立信任评价的角度，全局信誉模型采取的全局一致的信誉评价，在一定程度上抹杀了节点相互间信任度的差异。因此，也有一些学者考虑将全局信誉和局部信誉相结合的方式，通过赋予不同权重表达节点对于直接经验和全局观点的不同依赖程度。这种方式在计算结果和反映节点的主观性方面优于单纯的局部或全局信誉模型，但是也存在和全局信誉模型同样的计算代价较高和观点不一致问题。

以下具体介绍与 iVCE 所使用的信誉模型相关的两项代表性工作：EigenRep 信誉模型和 PeerTrust 信誉模型。

1）EigenRep 模型

EigenRep 模型采用了社会网络分析中的基于节点入度的中心性测量方法来构造节点的全局信誉。

Bonachi 提出的基于节点入度的中心性测量方法的核心如下：

（1）中心性（centrality）是指节点在网络中的重要性，重要性在不同的上下文中（即不同的关系网络中）具有不同的语义。在社会网络中，节点的中心性体现为节点的全局信誉，因为该网络中的关系为节点间交易带来的信任关系。

（2）通过节点入度、相应的权值以及节点自身的重要性来判断目标节点的重要性（全局信誉）。换句话说，信誉越高的节点给出的推荐越重要；同时，推荐者的数目越多，表示目标节点越重要（可信）。这两点是相互关联的，少量的可信推荐者给出的评估可能比大量不可信推荐者（入度）给出的评估更重要，反之亦然，这需要根据具体的量而定。

（3）通过建立关系网络邻接矩阵 P，以及定义节点的中心性向量 X，可得线性方程组 $P^T X = X$。其中 P^T 为 P 的转置，X 为节点的全局中心性向量，对应于 EigenRep 研究上下文，X 就是所有节点的全局信誉构成的向量。

在 EigenRep 中，任意节点的全局信誉决定于与之发生过交易行为的其他节点对其的局部看法以及这些节点的全局信誉。如果以加权有向图 $G = <V,E>$ 来表示这种交互关系，设 $|G| = n$，$V = \{i | \exists j, i \xrightarrow{R_{ij}} j\}$，其中 $i \xleftarrow{R_{ij}} j$ 表示节点 i、j 发生过交易。这样实际上就构造了一个以加权有向图形式表示的社会网络，在该网络中，个体间的关系为交易带来的评价关系，关系的强度为个体间的局部信任度。

在具体的信誉算法上，EigenRep 采用了类似 PageRank 的算法实现节点局部信任度的传递。

当计算任意节点 k 的全局信誉时，首先从 k 的交易伙伴（曾经与 k 发生过交易的节点）获知节点 k 的推荐信息，然后根据所有这些交易伙伴自身的全局信誉综合出 k 的全局信誉，即

$$T_k = \sum_j (C_{jk} \times T_j) \tag{5.6}$$

其中，对于任意节点 i、j，C_{ij} 为节点 i 对节点 j 的局部信任度（也称为相互的推荐度），T_i 为节点 i 的全局信誉，即

$$C_{ij} = \frac{\mathrm{Sat}_{ij} - \mathrm{UnSat}_{ij}}{\sum_j (\mathrm{Sat}_{ij} - \mathrm{UnSat}_{ij})} \tag{5.7}$$

其中，Sat_{ij} 和 UnSat_{ij} 分别为节点 i 对 j 在历史交易中积累的满意次数和不满意次数。

正如 Bonachi 指出的，上述通过线性方程组求解节点中心性的方法存在可解性问题，为此 EigenRep 提出的一个补救策略是：假定网络中始终预先存在一个固定的亚可信节点集合 P，P 中节点拥有至少 $T_{i(i \in P)} > \psi$ 的全局可信度，其中 ψ 为根据经验预先设定的阈值。在该假定的前提下，式（5.6）变为

$$T_k = (1-\alpha) \sum_j (C_{ij} \times C_{jk}) + \alpha \cdot t_i \tag{5.8}$$

其中，α 为根据经验预先给定的控制参数；$t_i = \begin{cases} 0, & t_i \notin P \\ t_i = \dfrac{\psi}{\alpha}, 0 < \alpha < 1, & \text{其他} \end{cases}$，这保证了 C 矩阵的不可约性和非周期性，从而保证了式（5.8）对应线性方程组的可解性。

2）PeerTrust 模型

PeerTrust 模型在基于推荐构造信誉的原理上类似于 EigenRep，都是基于节点间的相互推荐进行全局信誉评价。但是，从信誉评价的全面性和合理性角度出发，其中引

入了更多的信誉评价因素，在具体的推荐算法上也更为复杂。PeerTrust 中任一节点 u 的信誉形如

$$T(u) = \alpha \cdot \sum_{i=1}^{I(u)} S(u,i) \cdot \mathrm{Cr}(p(u,i)) \cdot \mathrm{TF}(u,i) + (1-\alpha) \cdot \mathrm{CF}(u) \qquad (5.9)$$

其中，对应于一定的时间范围，$I(u)$ 为 u 对外提供服务的总数；$p(u,i)$、$S(u,i)$ 和 $\mathrm{TF}(u,i)$ 分别为其中 u 的第 i 次服务的服务对象、获得的服务评价反馈和相关的服务上下文信息[①]；$\mathrm{Cr}(.)$ 为节点的反馈可靠程度；$\mathrm{CF}(u)$ 为与环境相关的上下文[②]。在模型中，通过一个调节因子 $\alpha (0 < \alpha < 1)$ 控制两部分信誉参数对于节点信誉的影响。

在 PeerTrust 模型中，根据反馈可靠程度评价算法的不同，可以分为全局信誉模型 PeerTrust-TVM 和局部信誉模型 PeerTrust-PSM 两类。其中，PeerTrust-TVM 中采用了与 EigenRep 类似的做法，使用节点的全局信誉度量节点反馈的可靠程度，而 PeerTrust-PSM 中，反馈可靠程度具体体现为节点反馈相似性。虽然从信誉的构造上，基于反馈相似性评价反馈的可靠程度较之以节点信誉作为反馈可信度的做法更具合理性，但是，由于进行全局的反馈相似度计算通常会带来较高的计算代价，以此为基础构造全局信誉必然加重信誉计算的负担，所以该方法很难在全局信誉的构造上得到应用。此外，由于 iVCE 立足于基于全局信誉实现对节点全局一致的激励，所以本节主要对 PeerTrust-TVM 进行介绍和评述。

全局信誉模型 PeerTrust-TVM 形如

$$T_{\mathrm{TVM}}(u) = \alpha \cdot \sum_{i=1}^{I(u)} S(u,i) \cdot \frac{T(p(u,i))}{\sum_{i=1}^{I(u)} T(p(u,i))} + (1-\alpha) \cdot \mathrm{CF}(u) \qquad (5.10)$$

注意到，如果在式（5.9）中令

$$S(u,i) = \frac{\delta(i)}{\sum_{v \in P(u)} (\mathrm{Sat}_{vu} - \mathrm{UnSat}_{vu})}$$

其中，$P(u)$ 为 u 的所有服务对象的集合；$\delta(i)$ 当 $S(u,i)$ 对应的是满意的评价时为 1，反之为 −1，同时取 $\alpha = 1$，$\mathrm{TF}(u,i) = 1$，$\mathrm{Cr}(u) = T(u)$，则式（5.10）将退化为和式（5.6）相同的形式。这说明，相对于 EigenRep 模型，PeerTrust 模型是更加通用和灵活的。具体来说，其优势主要体现在以下几点：

（1）引入了服务上下文信息 $\mathrm{TF}(u,i)$ 作为信誉评价的参数，能够更好地反映节点实

---

① 服务上下文是指和此次服务内容相关的一些信息，如对于文件下载服务来说，对应的上下文可能包括文件的大小、类型、传输的时间、重试的次数等。

② 与环境相关的上下文主要可以反映环境因素对节点信誉的影响，具体的可能包括节点的网络地位（如节点所在拓扑位置的特点）、节点被环境记录的特定行为历史（如一些被禁止的特定恶意行为），以及节点的信任特征（如是否为类似 EigenRep 中的预信任节点）等。

际贡献的差异。事实上，以 P2P 文件共享为例，从共享的代价和服务的可靠性上，1MB 的成功文件传输服务和 1GB 的成功文件传输显然具有很大的差异，然而包括 EigenRep、P2Prep 和 Gnushare 等在内的大多数信誉机制在信誉构造的过程中都忽略了这一节点贡献事实上的差异。这一方面可能造成对节点信誉评价的不精确，另一方面会导致在基于信誉现实激励过程中事实上的不平等，为节点大量伪造虚假的服务评价创造了条件[①]。基于这一认识，在第 5 章面向内存网格的信誉机制中也针对其内部服务的特点，设计了与其服务上下文敏感的信誉模型。

（2）基于归一化的参数 α 平衡收集的信誉信息和环境上下文因素使得信誉的构造更加全面和灵活。可以看到式（5.10）中的信誉计算分为两部分，第一部分类似于 EigenRep 的全局信誉模型，通过对节点收到的对其既有服务情况的评价的综合，预测其未来服务的可靠性；第二部分则通过环境相关的因素来对第一部分的结果进行调节。不同的 α 反映了不同情况下信誉评价对服务证据集合和环境因素的不同依赖程度，这无疑会使得信誉评价方式本身更加全面和灵活。

总体来看，PeerTrust 模型在信誉刻画的全面性和灵活性上较 EigenRep 模型有了明显的进步，但是由于其和 EigenRep 采用了相似的线性信誉模型，所以也存在类似的收敛性问题。

2. 激励机制

基于信誉实现对节点行为的激励是促进自组织环境健康稳定发展的重要保障。然而，在当前的信誉机制研究中，大多数情况下对于信誉的使用方式都停留在基于信誉进行服务的选取。基于信誉进行服务的选取，简单地说，就是在节点进行服务的选取时，总是优先选择信誉较高的节点所提供的服务。这种方式的优点是使得节点总是能够以比较高的概率获得可靠的服务（信誉高的节点的服务通常也更加可靠），从而使不良节点的服务能够被回避，保证了系统具有较高的服务成功率。然而，这一方法并没有解决鼓励节点参与贡献的问题，事实上，Free-Rider 仍然可以频繁地请求高可信节点的服务获取更多的利益。同时，对于存在大量 Free-Rider 的系统，高信誉的节点可能由于需要频繁应付大量的服务请求而出现负载过重的问题，反而会对系统本身的可用性造成影响。

5.2.4　面向 iVCE 的信誉机制

1. 自主元素信誉模型

1）基于推荐的全局信誉模型
前面介绍的 EigenRep 和 PeerTrust 模型存在如下的一些问题：
（1）迭代的收敛性假设不合理。EigenRep 中"预信任"节点"先验地"具有比较

---

① 显然，不良节点可以通过重复 1000 次 1MB 的文件传输获得远远高于一次 1GB 文件传输所能获得的信誉增长。

高的不可更改的信誉度。这样的假设一方面缺乏事实的合理性，另一方面在实际应用中如何操作也是较难实现的问题。

（2）缺乏对于不良行为的足够惩罚。有可能在节点 i 对 j 不满程度增加的情况下，导致对其信任度不降反升的情况发生。

（3）迭代带来的巨大网络开销。EigenRep 所采用的迭代求解协议决定了每次交易都会导致全网范围的信誉迭代，造成巨大的消息开销（$O(n^2)$，其中 n 为系统的规模），因此其在大型网络环境中缺乏工程上的可行性。

为此，提出了以下的改进：

（1）带有惩罚的节点推荐度（局部信任度），即

$$R_{ij} = \begin{cases} 0, & \sum\limits_k S_{kj} = 0 或 S_{ij} - F_{ij} < 0 \\ \dfrac{S_{ij} - F_{ij}}{\sum\limits_k S_{kj}}, & 其他 \end{cases} \tag{5.11}$$

该模型直接解决了前述第二个问题中提到的问题。

（2）基于式（5.11）所定义的新的信任关系矩阵 $\boldsymbol{R} = \left| R_{ij} \right|_n$，将节点 i 的全局可信度定义为

$$T_i = \sum_k (R_{ki} \cdot T_k) \tag{5.12}$$

其中，k 为与 i 发生过交易的节点。证明了式（5.12）对应信誉方程组的 Jacobi 和 Gauss-Sediel 迭代收敛，基于此给出了新的分布式求解协议，该协议的消息开销仅为 $O(n)$。该模型能够很有效地识别消极共享、不可靠服务和信誉诋毁等不良行为，为基于信誉实现对自主元素的激励奠定了基础[59]。

2）基于组的信誉模型 CRep

全局信誉模型存在的一个关键问题是对于全局信息的依赖，对于大规模的 P2P 网络而言，意味着巨大的计算开销。因此，需要考虑将信誉计算适当局部化，减少信誉迭代对系统运行产生的干扰。针对这一问题，本书提出了面向组的信誉模型。

该模型的基本思想如下：自主元素基于相互间的局部信任形成一定的组织，在组织内部采取一种简单的信任关系假设，在组和组之间采用基于推荐的全局信誉评价；组本身随着系统的运行而不断演化。

在组信誉模型中，自主元素间的信任关系可以抽象地表示为

$$D(i, j) = \alpha_{ij} \cdot T_j + (1 - \alpha_{ij}) \cdot W(A, j)$$

即自主元素 i 对自主元素 j 的信任程度 $D(i, j)$ 包含 j 的全局信誉（组信誉）T_j 和 j 所在组 A 对 j 的行为评价 $W(A, j)$ 两个方面。环境上下文因子 α_{ij} 的定义为

$$\alpha_{ij} = \begin{cases} 0, & i,j \text{ 属于同一个组} \\ 1, & \text{其他} \end{cases}$$

组之间的信誉评价可采用 EigenRep、PeerTrust 或以上基于推荐的信誉模型。同组内部的所有自主元素共享所有的交易信息，并使用组的信誉值作为共同的信誉评价。这意味着对于组内部行为不良的自主元素，组本身对其具有驱逐的倾向。而对于与组内成员有过成功交互且信誉较高的自主元素，可以通过组的演化将其纳入组的内部。

组的演化遵从一定的规则，并实现与信誉评价的联动。总的演化趋势为，随着系统的演化，行为良好、信誉高的自主元素趋向于处于相同的组内部，从而更便于相互提供服务。而服务质量不可靠、共享较少的自主元素则处于相对孤立的状态，由于缺少和高信誉自主元素的连接，获取资源和服务将更为困难。

CRep 模型基于 DHT 实现信誉信息的分布存取，并实现了分布式的信誉迭代算法，每次信誉计算的消息复杂度为 $O(n)$。同时，考虑到随着系统的不断演化，组的平均规模会有所增长，造成系统内部组的数量与节点数量的较大差距。例如，当 $n/d=10$ 时（d 为组的规模），迭代后系统内部的组数量约为自主元素数量的 1/3。因此在实际的计算代价上，以上的分布求解算法不但较之 EigenRep 所使用的全局迭代方法有大幅度降低，同时也优于采用类似算法的个体信誉模型（如分布求解算法和 PeerTrust 的 ComputeTrust_TVM/ATC 算法）。不同组规模下 CRep 模型信誉维护的总消息代价如图 5.17 所示。

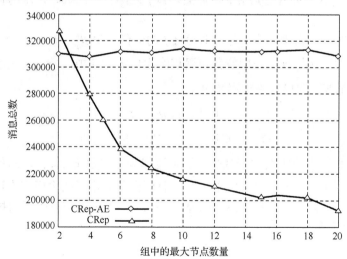

图 5.17　不同组规模下 CRep 模型信誉维护的总消息代价（$n=100$）

3）基于时间帧的信誉模型 DyTrust

信誉评价的本质是基于历史信息推测自主元素的未来表现。一个显而易见的问题是，历史信息存在时间跨度的差异，通常情况下，可以认为距离当前时间较近的信息对于信誉评价应该具有更大的价值。因此，在 PeerTrust 模型中，提出了时间窗口的概念，即通过丢弃一些过于久远的历史信息，保证信誉评价能够更准确地反映节点的近期特征。然而这种基于时间窗口的信誉评价模型，对于存在周期性反复（例如，在一段时间内积累信誉，然后改变行为模式，获取不当利益）的不良节点缺少识别和制约的能力，容易被类似的策略性行为所利用，成为信誉机制自身的一个缺陷所在。

本书借鉴增强学习的思想，提出一种基于时间帧的信誉模型，其基本思想是：对于历史较为久远的信息，设定一个时间衰减因子，通过迭代的方式，逐渐减小其对于当前信誉值的影响，从而避免因历史信息缺失而导致的刻画不全面、容易被不良操纵的问题。

具体来说，在时间帧 n 内，自主元素 i 对自主元素 j 的信任评价可以记为

$$R_{ij}^n = \lambda \cdot D_{ij}^n + (1 - \lambda) \cdot \sum_{r \in I(j)} \frac{Cr_{ir} \cdot D_{rj}^n}{\sum_{r \in I(j)} Cr_{ir}}$$

其中，D_{ij}^n 是 i 对 j 直接的信任评价，定义为 i 对 j 为其提供的每次服务评价（介于 0 和 1 之间）的均值；Cr_{ir} 为自主元素 i 对自主元素 r 的反馈可信度；$I(j)$ 为时间帧 n 中和自主元素 j 进行交互的自主元素集合，但不包括自主元素 i；λ 为信任评价的信心因子，λ 的取值和交互的数目有关，交互的数目越多则 λ 取值越大，$0 \leqslant \lambda \leqslant 1$，可以取 $\lambda = h / H$，其中 h 为自主元素 i 和自主元素 j 之间交互的数目，H 为设定的交互数目门槛值。

基于连续时间帧自主元素 i 对自主元素 j 的信任评价 $R_{ij}^1 \cdots R_{ij}^n$，定义 i 对 j 的三个信誉评价参数：近期信誉、长期信誉和累积滥用信誉。其中，i 对 j 近期信誉为 ST_{ij}，第 n 个时间帧后 ST_{ij} 的更新函数定义为

$$ST_{ij}^n = \begin{cases} (1 - \alpha)ST_{ij}^{n-1} + \alpha \cdot R_{ij}^n, & R_{ij}^n - ST_{ij}^{n-1} \geqslant -\varepsilon \\ (1 - \beta)ST_{ij}^{n-1} + \beta \cdot R_{ij}^n, & \text{其他} \end{cases}$$

其中，α 和 β 分别为信誉增加和减少的学习速率因子，通常 $\alpha < \beta$，即信任降低的速度比增加的速度快。参数 $\varepsilon > 0$ 规定了交互满意度评价时由于噪声而产生评价误差的容忍范围。例如，如果评价依赖于网络带宽，那么 ε 必须大于带宽的平均抖动。

i 对 j 长期信誉为

$$LT_{ij}^n = \frac{LT_{ij}^{n-1} \cdot (n-1) + R_{ij}^n}{n}$$

最终的评估结果取近期信誉和长期信誉二者中的最小值，即

$$T_{ij}^n = \min(ST_{ij}^n, LT_{ij}^n)$$

i 对 j 反复建立信任然后利用信誉进行恶意行为的累积滥用信誉为 AT_{ij}，则第 n 个时间帧后 AT_{ij} 更新函数定义为

$$AT_{ij}^n = \begin{cases} AT_{ij}^{n-1} + T_{ij}^{n} - R_{ij}^{n}, & T_{ij}^{n-1} - R_{ij}^{n} > \varepsilon \\ AT_{ij}^{n-1}, & 其他 \end{cases}$$

滥用的信誉指自主元素的信誉和实际的经验信任评价之间的差别，AT_{ij} 累积所有被 j 滥用的信誉，AT_{ij} 初始化为 0，信誉评价在期望之下超出显著水平 ε 则 AT_{ij} 增加。

基于累积滥用信誉 AT_{ij}^n，通过和信誉增加学习速率因子 α 结合，可以对节点摇摆行为进行惩罚，即

$$\alpha = \alpha \cdot \frac{c}{c + AT_{ij}^{n}}$$

j 反复建立信誉然后利用建立的信誉进行不良行为，α 会不断减小，使得恢复到原来的信誉水平需要更长时间提供良好服务的交互，达到了惩罚的效果。常量 c 控制惩罚因子增长的速度，c 取值比较大则 α 将以较慢的速度减小。

与 PeerTrust 的对比实验表明，该模型对于防止自主元素策略性操纵信誉以及合谋抬高信誉有很好的抑制作用，如图 5.18 所示。

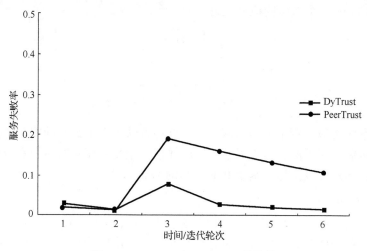

图 5.18　DyTrust 与 PeerTrust 的比较

2. 基于信誉的激励机制

1）基于信誉的广播机制

如果使用无结构网络中采用的传统广播搜索机制，无节制的广播机制将使得包括低可信节点在内的任意节点都能随意提交大量的广播报文，造成大量不必要的网络资源消耗。

基于信誉的广播机制（Reputation-based Broadcasting Search，RBS）的核心思想是：

不同信誉的自主元素，搜索效果应该存在一定的差异。信誉越高的自主元素，搜索效果越好；反之，信誉低的节点，搜索效果受到限制。具体来说，任意自主元素在传播其他自主元素发出的搜索报文时，根据自身的信誉和搜索报文的发出者的信誉以及报文当前的广播半径 r 决定是否予以转发。即自主元素 i 转发任意自主元素 j 的搜索报文的概率为

$$
\mathrm{Pf}_{ij} = \begin{cases} \left(\dfrac{T_j}{T_i}\right)^{1-\frac{1}{r}}, & T_j \leqslant T_i \\[3mm] (T_j)^{1-\frac{1}{r}}, & T_j > T_i \end{cases}
$$

其中，$r > 0$。可以看出，任意自主元素的邻居转发其消息的概率为 1，随着广播半径的增加，Pf_{ij} 退化为 $\dfrac{T_j}{T_i}$ 或 T_j。

为防止自主元素无节制地发送广播报文，这里对转发概率 Pf_{ij} 进行了进一步扩展：每个自主元素具有一个转发表，记录在一定间隔时间内所转发的所有报文（该表周期性地清零），设在规定间隔内任意自主元素 i 转发任意自主元素 j 的搜索报文个数为 m，则 i 转发 j 的第 $m+1$ 个报文的概率变为

$$
\mathrm{Pf}_{ij} = \begin{cases} \left(\dfrac{T_j}{T_i}\right)^{\left(1-\frac{1}{r}\right)\times(m+1)}, & T_j \leqslant T_i \\[3mm] (T_j)^{\left(1-\frac{1}{r}\right)\times(m+1)}, & T_j > T_i \end{cases}
$$

其中，m 为系统常数，用于调整抑制效果。这种方法实际上是一种用于避免公共悲剧现象的抑制机制，用于减少节点无节制地广播搜索报文从而对网络带宽造成浪费（同时，也可以在一定程度上避免基于 P2P 网络的 DoS 攻击）。

2）信誉驱动的拓扑演化机制

信誉驱动的拓扑演化机制受到社会驱动合作（Social Inspired Cooperation，SIC）方法的启发。社会驱动合作的基本思想是：在一个自组织的交易环境中，假设节点间的交互构成了囚徒困境博弈，如果一个节点发现存在比自身平均收益高的节点，则它将进行模仿——复制对方的行为和网络连接（拓扑邻居），以期获得更高的个人收益。在存在一定随机扰动——节点行为和网络连接的随机改变——的前提下，实验发现，即使是最初完全由不合作节点组成的环境，只需较少的交互与演化，系统即可达到大多数节点（>99%）都采取合作（cooperation）行为的稳定状态。在该环境中，具有相同行为策略和网络连接的节点通过相互连接构成了组，这些节点共享同一个组标识（tag）。组标识本身不表达任何的行为特征。

这一工作的价值在于证明了组（合作）演化机制对于促进系统健康运行的有效性。

然而，由于其中节点的组变迁决策完全依赖于对交易双方平均收益的比较，而实际收益是节点的私有信息，在真实的自组织环境下，节点出于隐私保护的需要，不可能主动暴露自身的真实收益，因此该机制事实上存在演化动机的问题。换句话说，SIC 的演化机制本质上不是自实施（self-enforcing）的，在实际应用中无法通过其真正达到引导系统整体走向合作的目的。

信誉作为实现激励的一种手段，其通常直接对应于自主元素在环境中所能获得的服务地位。因此，信誉的高低本质上反映了自主元素在环境中收益水平的差异。如果将组标识与一定的信誉相绑定，则对于任意一个自主元素而言，存在信誉高于自身的自主元素就意味着存在平均收益高于自身的其他个体，出于自身的理性，其总是会期望加入该自主元素所在的组。这样事实上就解决了 SIC 所存在的演化动机问题，使得在系统运行过程中，组结构能够基于自主元素的自发行为不断演化，从而确保基于组拓扑演化激励自主元素良好参与行为的可能。

由于在我们的演化机制中，组演化的动力是自主元素间信誉的比较。在具体的演化操作上，主要涉及组成员的跃迁、开除组成员、组的创建和清除等四个方面。

以组成员的跃迁为例，由于信誉高的组的成员通常能够获得更好的服务，所以自主元素总是倾向于加入信誉高的组织。组成员的加入采用申请机制，任何一个组织都只会接纳向其提供过成功服务的自主元素加入。因此，通常在发生一次成功的交易后，如果提供服务的自主元素一方信誉较低，则其会向另一方提出加入组的申请。

例如，自主元素 i（$i \in C_A$，C_A 表示标记为 A 的组，组信誉 T_A）申请加入自主元素 j（$j \in C_B$，组信誉 T_B）所在的组，如果以下条件满足，则可以接纳。

（1）C_B 中的成员未满。

（2）$T_B - T_A < \varepsilon$，其中 $0 < \varepsilon < 1$ 为常数，称为信誉等级跨度。该条件表示 i 原属组的信誉处于一个与 C_B 的信誉差距相当的范围，避免信誉过低的自主元素直接进入高信誉的组，导致组信誉的大幅波动。

（3）申请者 i 与 C_B 之间具有一定的成功交易基础；且 C_B 对 i 的直接信任应该超过其本身的全局信誉。这样做的好处是使得 i 的加入不但能够直接提高 i 自身的信誉评价，同时也可能对 C_B 的信誉提升产生帮助。

组演化的结果可能表现出以下两个主要特征：一方面，贡献积极、服务可靠的自主元素通过相互提供成功交易加入相同的组，具有较高的信誉，并最终形成比较稳定的组邻居关系；另一方面，贡献较少、服务不可靠的自主元素由于很少向其他自主元素提供成功的服务，通常很难和其他自主元素结成稳定的组邻居关系，这意味着其在组拓扑中的地位是相对孤立的和不稳定的。

图 5.19 所示的实验结果表明，以上的演化机制具有较好的收敛性，且能够有效实现自主元素根据信誉水平的聚集，结合前述的基于信誉的广播机制，能够对自主元素产生有效的激励作用。

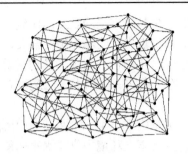

迭代前(随机拓扑)　　　　　　　　　　迭代后(聚合拓扑)

图 5.19　迭代前后的组拓扑示意图

5.3　本章小结

　　本章从基于事件服务的协同机制和协同激励两个方面阐述了虚拟资源的协同机制。虚拟计算环境采用事件服务系统作为自主元素交互协同的通信机制，并利用其良好的解耦特性，可以较好地适应复杂、多样、异构的 Internet 环境。为了使得底层的事件服务系统更加通用高效，本章提出了基于名事件服务系统通用的匹配模型，并利用属性流行度来改善系统性能。针对移动环境中的事件服务系统，提出了高效的订阅树重建算法，充分利用原有订阅树的结构来节省重建开销，使得虚拟计算环境能更好地服务于有大量移动设备交互的应用。同时，激励机制是虚拟计算环境中保证资源协同高效的关键手段，面向自组织的虚拟计算环境，提出了基于信誉的协同激励机制，包括自主元素的信誉模型和基于信誉的协同激励方法，为虚拟计算环境中虚拟资源的稳定发展提供了重要保障。

参 考 文 献

[1]　Birman K P, Joseph T A. Exploiting virtual synchrony in distributed systems. Proceedings of ACM Symposium on Operating Systems Principles, Austin, 1987: 123-138.

[2]　Eugster P T, Felber P, Guerraoui R. The many faces of publish/subscribe. ACM Journal of Computing, 2003, 35(2): 114-131.

[3]　Li G. Adaptive content-based routing in general overlay topologies. Proceedings of IFIP/ACM International Conference on Distributed Systems Platforms and Open Distributed Processing, Leuven, 2008: 1-21.

[4]　Cheung A K Y, Jacobsen H A. Dynamic load balancing in distributed content-based publish/ subscribe. Proceedings of IFIP/ACM International Conference on Distributed Systems Platforms and Open Distributed Processing, Melbourne, 2006: 141-161.

[5]　Casalicchio E, Morabito F. Distributed subscriptions clustering with limited knowledge sharing for

content-based publish/subscribe systems. Proceedings of 6th IEEE International Symposium on Network Computing and Applications, Cambridge, 2007: 105-112.

[6] 薛涛, 冯博琴. 内容发布订阅系统路由算法和自配置策略研究. 软件学报, 2005, 16(2): 251-259.

[7] Cao F Y, Singh J. Efficient event routing in content-based publish-subscribe service networks. Proceedings of IEEE INFOCOM, Hong Kong, 2004: 929-940.

[8] Stoica I, Morris R, Karger D. Chord: A scalable peer-to-peer lookup service for Internet applications. Proceedings of ACM SIGCOMM, San Diego, 2001: 149-160.

[9] Rowstron A, Druschel P. Pastry: Scalable, decentralized object location, and routing for large-scale peer-to-peer systems. Proceedings of the 18th IFIP/ACM International Conference on Distributed System Platforms, Heidelberg, 2001: 329-350.

[10] Bharambe A R, Agrawal M, Seshan S. Mercury: Supporting scalable multi-attribute range queries. Proceedings of ACM SIGCOMM, Portland, 2004: 353-366.

[11] Zhu Y W, Hu Y M. Ferry: A P2P-Based architecture for content-based publish/subscribe services. IEEE Transactions on Parallel and Distributed Systems, 2007, 18(5): 672-685.

[12] Yang X Y, Zhu Y W, Hu Y M. Scalable content-based publish/subscribe services over structured peer-to-peer networks. Proceedings of 15th EUROMICRO International Conference on Parallel, Distributed and Network-Based Processing, Naples, 2007: 171-178.

[13] Yang X Y, Zhu Y, Hu Y. A large-scale and decentralized infrastructure for content-based publish/ subscribe services. Proceedings of the 36th International Conference on Parallel Processing, Xian, 2007: 61.

[14] Gupta A, Sahin O D, Agrawal D, et al. Meghdoot: Content-Based publish/subscribe over P2P networks. Proceedings of the 5th ACM/IFIP/USENIX International Conference on Middleware, Toronto, 2004: 254-273.

[15] Rao W X, Chen L, Fu A W, et al. On efficient content matching in distributed pub/sub systems. Proceedings of IEEE INFOCOM, Rio de Janeiro, 2009: 756-764.

[16] Triantafillou P, Aekaterinidis I. Content-Based publish-subscribe over structured P2P networks. Proceedings of Third International Workshop on Distributed Event-based Systems, Edinburgh, 2004: 104-109.

[17] Banerjee N, Wu W, Das S K, et al. Mobility support in wireless Internet. IEEE Wireless Communications, 2003, 10(5): 54-61.

[18] Burcea I, Jacobsen H A, Delara E. Disconnected operation in publish/subscribe middleware. Proceedings of IEEE International Conference on Mobile Data Management, Berkeley, 2004: 39-51.

[19] Wang J L, Cao J N, Li J, et al. MHH: A novel protocol for mobility management in publish/subscribe systems. Proceedings of International Conference on Parallel Processing, Xian, 2007: 54.

[20] Adar E, Huberman B A. Free riding on Gnutella. Xerox PARC, 2000.

[21] Feldman M, Chuang J. Overcoming free-riding behavior in peer-to-peer systems. ACM SIGecom

Exchanges, 2005, 5(4): 41-50.

[22] Buchmann E, Bohm K. FairNet: How to counter free riding in peer-to-peer data structures. Proceedings of International Conference on Cooperative Information Systems, 2004: 337-354.

[23] Saroiu S, Gummadi P, Gribble S. A measurement study of peer-to-peer file sharing systems . Proceedings of SPIE's Multimedia Computing and Networking Conference, San Jose, 2002: 156-170.

[24] Feldman M, Papadimitriou C, Chuang J, et al. Free-Riding and whitewashing in peer-to-peer systems. Proceedings of 3rd Annual Workshop on Economics and Information Security, 2004: 228-236.

[25] Hughes D, Coulson G, Walkerdine J. Free riding on Gnutella revisited: The bell tolls? IEEE Distributed Systems Online, 2005, 6(6).

[26] Kamvar S D, Schlosser M T. EigenRep: Reputation management in P2P networks. Proceedings of The 12th International World Wide Web Conference, Budapest, 2003: 123-134.

[27] 曲向丽. 网格环境下互信机制关键技术研究. 博士学位论文. 长沙: 国防科学技术大学, 2006.

[28] Liang J, Kumar R, Xi Y, et al. Pollution in P2P file sharing systems. Proceedings of IEEE INFOCOM, Miami, 2005, 2: 1174-1185.

[29] Leey U, Choi M, Choy J, et al. Understanding pollution dynamics in P2P file sharing. Proceedings of the 5th International Workshop on Peer-to-Peer Systems, Santa Barbara, 2006.

[30] Hardin G. The tragedy of the commons. Science, 1968, 162: 1243-1248.

[31] Feldman M, Laiz K. Quantifying disincentives in peer-to-peer networks. Proceedings of Workshop on Economics of Peer-to-Peer Systems, Berkeley, 2003: 117-122.

[32] Akonix blocks BitTorrent file sharing within the enterprise, 2004. http://goo.gl/x4YFx0[2016-5-3].

[33] Krishnan R, Smith M D. The economics of peer-to-peer networks. http:// www.heinz.cmu.edu/~mds/p2phbk.pdf[2006-12-10].

[34] 张维迎. 博弈论与信息经济学. 上海: 上海人民出版社, 2004.

[35] Sabater J, Sierra C. Regret: A reputation model for gregarious societies. Artificial Intelligence Research Institute, 2000.

[36] Abdul-Rahman A, Hailes S. Supporting trust in virtual communities. Proceedings of 33rd Hawaii International Conference on System Sciences, Maui, 2000, 6: 6007-6012.

[37] Mui L, Mohtashemi M, Halberstadt A. A computational model of trust and reputation for e-businesses. Proceedings of the 35th Annual International Conference on System Sciences, Maui, 2002, 7: 188-196.

[38] Miztal B. Trust in Modern Societies. Cambridge: Polity Press, 1996.

[39] Chang E, Dillon T, Hussain F K. Trust and Reputation for Service-Oriented Environments: Technologies for Building Business Intelligence and Consumer Confidence. New York: Wiley, 2016

[40] Algirdas A, Jean-Claude L, Brian R, et al. Basic concepts and taxonomy of dependable and secure computing. IEEE Transactions on Dependable and Secure Computing, 2004, 1(1): 11-13.

[41] 常俊胜, 王怀民, 尹刚. DyTrust: 一种 P2P 系统中基于时间帧的动态信任模型. 计算机学报, 2006, 29(8): 1301-1307.

[42] 窦文, 王怀民, 贾焰, 等. 构造基于推荐的 Peer-to-Peer 环境下的 Trust 模型. 软件学报, 2004, 15(4): 571-583.

[43] 张骞, 张霞, 文学志, 等. Peer-to-Peer 环境下多粒度 Trust 模型构造. 软件学报, 2006, 17(1): 96-107.

[44] 黄辰林. 动态信任关系建模和管理技术研究. 博士学位论文. 长沙: 国防科学技术大学, 2004.

[45] Dellarocas C. Analyzing the economic efficiency of eBay-like online reputation reporting mechanisms. Proceedings of the 3rd ACM conference on Electronic Commerce, Tampa, ACM Press, 2001: 171-179.

[46] Resnick P, Zeckhauser R, Friedman E, et al. Reputation systems: Facilitating trust in Internet interactions. Communications of the ACM, 2000, 43(12): 45-48.

[47] Reznick P, Zeckhauser R. Trust among strangers in internet transactions: Empirical analysis of eBay's reputation system. The Economics of the Internet and E-Commerce, 2002, 11(2): 23-25.

[48] 窦文. 信任敏感的 P2P 拓扑构造及其相关技术研究. 博士学位论文. 长沙: 国防科学技术大学, 2003.

[49] Aberer K, Despotovic Z. Managing trust in a peer-2-peer information system. Proceedings of International Conference on Information and Knowledge Management, Atlanta, 2001: 310-317.

[50] Xiong L, Liu L. PeerTrust: Supporting reputation-based trust in peer-to-peer communities. IEEE Transactions on Data and Knowledge Engineering, Special Issue on Peer-to-Peer Based Data Management, 2004, 16(7): 843-857.

[51] Xiong L, Liu L. A reputation-based trust model for peer-to-peer ecommerce communities. Proceedings of the 4th ACM Conference on Electronic Commerce, San Diego, 2003: 228-229.

[52] Wang Y, Vassileva J. Bayesian network-based trust model in P2P networks. Proceedings of Agents and Peer-to-Peer Computing, Second International Workshop, Melbourne, 2003: 372-378.

[53] Cornelli F, Damiani E, di Vimercati S D C, et al. Choosing Reputable servants in a P2P network. Proceedings of the 11th World Wide Web, 2002: 376-386.

[54] Yu B, Singh M P. A social mechanism of reputation management in electronic communities. Proceedings of Fourth International Workshop on Cooperative Information Agents, Boston, 2000: 154-165.

[55] Scott J. Social Network Analysis: A Handbook. 2nd ed. California: SAGE Press, 2000.

[56] Wasserman S. Social Network Analysis: Methods and Applications. 1st ed. Cambridge: Cambridge University Press, 1994.

[57] 杨懋. P2P 文件共享系统 Maze 中激励与信誉机制的研究. 博士学位论文. 北京: 北京大学, 2006.

第 6 章　程序设计语言

自主元素是 iVCE 的基本概念之一，是对具有自治性的互联网资源基本管理单位的抽象。针对自主元素的特点，本章提出了一种以 Agent 为基本构成单元的程序设计语言 CAOPLE，对自主元素进行控制和访问。

6.1　元　模　型

程序设计语言的元模型也常称为语言的概念模型，它定义作为该语言的基础的基本概念，并在此基础上定义用该语言书写的程序中的基本元素、程序的总体结构及其语义。本节叙述 CAOPLE 的概念模型。

6.1.1　Agent

CAOPLE 的一个基本概念是代理（Agent）。一般来说，Agent 是具有相对完整计算功能且具有自主性的实体。Agent 的自主性主要表现为如下性质：

（1）主动行动（pro-active action）：Agent 与进程和线程相同，具有独立的计算控制线，它与系统中的其他 Agent 并行运行。因此，Agent 是主动的计算单元。

（2）行为自治（autonomous behaviour）：Agent 的行为由该单元自己决定，其状态不被外界所直接修改，其计算动作不受外界直接控制，它可以因其自身的原因拒绝外界的请求，也可以因其自身的需求而执行一定的计算动作。因此，作为程序代码的封装设施，Agent 具有比对象、模块等传统程序设计语言设施更强的保护力。

（3）异步通信（asynchronous communication）：Agent 具有一定的通信能力以实现与外界的交互，其通信方式是异步通信。这是 Agent 区别于过程调用、对象方法调用等传统程序设计语言通信设施的一个基本特征。

（4）环境感知（situated environment）：Agent 在其通信设施的支持下，其能够感知外界环境的状态及其变化，并显示其自身的状态和行为，以影响周围的环境和环境中的其他 Agent。

（5）局部知识（local knowledge）：Agent 通常只关注环境系统中与其有关的一小部分，在仅有这部分环境的局部知识的前提下进行决策。

Agent 的这些性质很好地反映了本书所研究的自主元素的性质，因此，CAOPLE 适合于面向自主元素的编程。

CAOPLE 的 Agent 是如下元素的封装体：

（1）环境描述：环境描述定义了该 Agent 所关心的周围环境，它观察其周围环境中各个元素的状态及其行为动作，从而决定其自身的行为。

（2）状态变量：Agent 的状态由一系列状态变量的值所决定，状态变量定义了该 Agent 的状态空间，分为两部分。

①外界可见的状态变量（visible state variables）使系统中的其他计算单元可以看到该 Agent 的状态。

②外界不可见的状态变量（invisible state variables）是该 Agent 内部的状态。

（3）基本动作：Agent 的行动由一系列基本动作组成，基本动作也分为两类。

①外界可见的动作（visible actions）：当该 Agent 做一个外界可见的动作时，它产生一个事件，该事件可以被系统中的其他计算单元捕获。

②外界不可见的动作（invisible actions）：当该 Agent 做一个外界不可见的动作时，它所产生的事件只被该 Agent 的内部捕获。

（4）行为规则：Agent 的行为规则决定了 Agent 在什么样的环境状态和自身状态下采取什么动作，如何改变自身的状态。

6.1.2　族

在 CAOPLE 中，Agent 是程序在运行时刻的基本单元，而在程序的静态构造中，族（caste）才是程序的基本组成单位。这类似于在面向对象的程序设计语言中，对象是程序在运行时刻的基本单位，而程序则由一系列类所组成。然而，Agent 与族之间的从属关系与主流的面向对象程序设计语言中的对象和类之间的从属关系具有本质区别。具体地说，在 CAOPLE 元模型中，Agent 与族之间的从属关系具有如下特点：

（1）族是 Agent 的模板，而 Agent 是族的实例。族定义了其实例（即 Agent）的结构和行为规则。即族规定了其实例（Agent）的环境描述、状态空间、基本动作和行为规则。族的实例（即 Agent）在程序运行时刻以族为模板动态创建。

（2）族是 Agent 的分类，而 Agent 是族中的个体。如果一个 Agent A 是一个族 C 的实例，称 Agent A 属于族 C。在 CAOPLE 概念模型中，允许一个 Agent 从属于多个族。此时，该 Agent 的环境描述、状态空间、基本动作集合、行为规则是这些族中的相应元素的并集。

（3）族构成系统的框架，而 Agent 是系统中的实体。在 CAOPLE 概念模型中，允许一个 Agent 在运行时刻动态地通过"加入"和"退出"族来改变其所从属的族。此时，该 Agent 相应地改变其环境、状态空间、可做的基本动作和行为规则，从而达到对行为的调整。在这个意义下，族构成了系统的框架，而 Agent 作为框架中的实体，可以选择其运行时刻的形态。

此外，在族与族之间，有如下关系：

（1）继承关系：称族 A 是族 B 的子族，如果族 A 的环境描述、状态空间、基本动作集合、行为规则是族 B 相应成分的子集。此时，也称族 B 继承了族 A 的环境描述、状态空间、基本动作集合、行为规则。

（2）变迁关系：如果族 A 的 Agent 可能加入族 B，称存在从族 A 到 B 的变迁关系。

（3）影响关系：如果族 A 的 Agent 将族 B 的 Agent 作为其观察的对象，则族 B 中 Agent 的行为与状态将对族 A 中的 Agent 产生影响。此时，称存在族 A 对族 B 的影响关系。

（4）构成关系：一个 Agent a 可以由一系列其他 Agent $b_1, b_2, \cdots, b_n$ 所组成，此时，称 a 是由 $b_1, b_2, \cdots, b_n$ 所构成的整体，而 $b_1, b_2, \cdots, b_n$ 是 a 中的部分。此时，称在 a 的族 A 和 b_i 的族 B_i 之间存在构成关系，或整体-部分关系。根据整体与部分之间的依赖程度，区分三种 Agent 之间的整体-部分关系如下。

①合成关系：我们说一个 Agent a 是由 Agent $b_1, b_2, \cdots, b_n$ 合成的，如果作为整体的 Agent 对作为部分的 Agent 具有全部创建和销毁的权力。当整体的 Agent 销毁时，所有作为其部分的 Agent 也随之销毁，而不复存在。另一方面，作为部分的 Agent 不能独立于作为整体的 Agent 而存在。因此，作为部分的 Agent 生命周期依赖于其作为整体的 Agent。

②联合关系：我们说一个 Agent a 是由 Agent $b_1, b_2, \cdots, b_n$ 组成的联合，如果作为部分的 Agent 的生命周期可以独立于作为整体的 Agent 而存在，但是当一个（作为部分的）Agent 离开其整体时，它将失去其从属关系。

③聚集关系：我们说一个 Agent a 是由 Agent $b_1, b_2, \cdots, b_n$ 组成的聚集，作为部分的 Agent 不仅其生命周期独立于作为整体的 Agent 而存在，而且，其对族的从属关系也不受整体与部分之间的关系的影响。也就是说，当整体销毁时，该作为其部分的 Agent 不仅可以依然存在于系统中，也不影响其对任何族的从属关系。

上述 Agent 之间的整体-部分关系反映在相应的族之间就是族之间的整体-部分关系。

6.1.3 Agent 的环境

CAOPLE 程序的静态结构由一组族组成。在运行时刻，程序由一组这些族的实例 Agent 构成。因此，一个 Agent 的环境是一组 Agent，它由一系列环境描述语句组成所确定。换言之，环境描述语句定义了系统中哪些 Agent 属于一个 Agent 的环境。

例如，假设 C 为程序中的一个族，a 为一个 Agent，而且，它在运行时刻 t 属于族 C，假设 V 为一个变量，其取值范围是族 C 的实例。环境描述语句有如下形式：

（1）All: C——族 C 在运行时刻 t 时的所有实例都属于该 Agent 在时刻 t 的环境。

（2）Agent a: C——族 C 中的实例 a 在运行时刻 t 属于该 Agent 的环境。

（3）Var V: C——如果在运行时刻 t，变量 V 的值是族 C 中的一个实例 b，那么在运行时刻 t，Agent b 属于该 Agent 的环境。

从上述环境描述语句的定义可知，一个 Agent 的环境可以是随时间而变化的。它既不是固定不变的，也不是完全开放的。一个 Agent 的环境变化可能是由于其他 Agent

加入或退出相应的族的结果，也可能是由于该 Agent 本身通过改变其对环境变量的赋值而造成的，当然也可能是由于该 Agent 加入或退出族的结果。

6.2 语 言 设 计

本节介绍 CAOPLE 的设计。

其语法定义将使用表 6.1 中列出的扩展巴克斯范式（Extended Backus-Naur Form, EBNF）元符号。终结符将以黑体英文字母表示，如 **integer**。非终结符将以通常英文字母表示，如 Var。

表 6.1 EBNF 元符号

名称	符号	语义
定义	::=	"A::=B" 的语义是 "A 定义为 B"
连接		"AB" 的语义是 "B 连接在 A 之后"
可选	[ ]	"[A]" 的语义为 "A 是可选项"
选择	|	"A | B" 的语义是 "从 A 和 B 中选择一个"
重复	{ }	"{A}" 的语义是 "A 可以重复出现任意有限多次，包括 0 次"
有间隔符的重复	{ / }	"{A / B}" 的语义是 "A 可以重复出现任意有限多次，包括 0 次，且在两次出现之间用间隔符 B 隔开"
非空重复	{ }+	"{ A }+" 的语义是 "A 可以重复出现任意有限多次，至少 1 次"
括号	( )	用于改变符号使用的优先级

6.2.1 程序的总体结构

CAOPLE 的程序由一系列族定义（CasteDef）和数据类型定义（DataTypeDef）单元组成。

```
Prog ::= {DataTypeDef } {CasteDef}
```

族定义单元的结构如下。

```
CasteDef ::= Caste CasteName [ ( CasteParameters ) ][ Inheritances ] ;
   [EnvironmentDecs]
   [StateDecs]
   [ActionDecs]
Begin
   [LocalDecs ; ]
   Statement
End CasteName
```

（1）CasteName 是标识符，是该族的名。在一个系统中，族名必须是唯一的。

（2）CasteParameters 是用于初始化 Agent 的参数，其语法如下。

```
CasteParameters ::= { VarID : TypeName / , }
```

（3）Inheritances 子句给出该族所继承的族，其语法如下。

```
Inheritances ::= <= { CasteID / , }
```

（4）EnvironmentDecs 是环境描述。

（5）StateDecs 是状态空间定义。

（6）ActionDecs 是基本动作定义。

（7）LocalDecs 是局部变量定义。

（8）Statement 是该族的体，是一个可执行语句。

数据类型定义单元用于定义 Agent 之间的数据接口。它由一系列数据类型说明组成。其语法结构如下。

```
DataTypeDef ::=
Datatype DPackageID <= {DPackageID/,};
      {TypeDef / ;}
End DPackageID
```

6.2.2　环境描述

环境描述的语法结构如下。

```
EnvironmentDecs ::= Observes {EnvDec ; }
```

EnvDec 为环境描述子句，语法如下。

```
EnvDec ::= ObservedAgent [Actions]
```

ObservedAgent 子句确定被观察的 Agent 的集合，它有四种不同的定义方式。

```
ObservedAgent ::= Const AgentID : CasteID
| Var VarID [:= AgentID ]: CasteID
| All CasteID
| Set VarID [:= AgentSetEnum ]: CasteID
```

（1）Const A: C 表示在运行时刻 t 时，族 C 中的 Agent A 属于被观察的 Agent 集合。如果在运行时刻 t 时 A 不属于族 C，则在运行时刻 t，A 不是被观察的 Agent。

（2）Var V:= A:C 表示在运行时刻 t 变量 V 的值所指的 Agent 属于被观察的 Agent。V 在 Agent 创建时的初始值是 A。变量 V 的值所指的 Agent 必须是族 C 的。

（3）All C 表示族 C 在运行时刻 t 的所有实例都属于被观察的 Agent。

（4）Set V [:= ASet]: C 表示在运行时刻 t 变量 V 的值所指的 Agent 集合属于被观察的 Agent。V 在 Agent 创建时的初始值是 ASet，即一组 Agent。

Actions 子句确定被观察的动作。这里，被观察的动作必须是族 C 中定义的可见动作。当 Actions 子句省却时，被观察 Agent 在族 C 中定义的所有可见动作均被观察。

```
Actions ::= {ActionID \ , }
```

6.2.3　状态与动作说明

状态说明的语法定义如下。

```
StateDecs ::= { StateDec ; }
StateDec ::= var VarIDList :Type [:= ConstExp]
```

一个状态说明子句说明一个状态变量名，并指定其数据类型和可省却的初始值。
动作说明的语法如下。

```
ActionDecs ::= {ActionDec ; }
ActionDec ::= Action ActionIDList [ ( ParameterList ) ] [Impact]
[ActionBody ]
ParameterList ::= {Parameter / ; }
Parameter ::= {ParaID / , } : TypeID
```

其中 Impact 子句列出该动作可以影响的族，即那些可以观察此动作的族。

```
Impact ::= Affect {CasteID / , }
```

当 Impact 子句省略时，该动作的观察不受限制。
ActionBody 是一个语句，仅在本族的 Agent 做此动作时，执行该语句。

```
ActionBody ::= Begin Statement end
```

6.2.4　数据类型说明

数据类型说明主要用于数据类型定义单元中，定义 Agent 之间的数据接口。也可
用于 Agent 内，定义状态变量的数据结构。其语法定义如下。

```
TypeDec ::= Type TypeDefExp ;
```

TypeDefExp 是类型表达式，其定义如下。

```
TypeExp ::= PreDefinedTypeID
| TypeName
| RecordType
| ListType
| EnumeratedType
```

预定义的数据类型名如下。

```
PreDefinedTypeID ::= Integer | Real | Bool | Char | String
```

上述预定义的数据类型的字面常量和运算符如通常的程序设计语言。在此不一一
细述。

　　类型名 TypeName 是用户定义的类型名。当使用其他数据类型定义单元 DPackage 中的数据类型 TypeID 时，用 TypeID@DPackage 表示。

```
TypeName ::= TypeID [@ DPackageID]
```

　　记录类型的语法结构如下。

```
RecordType ::= Record TypeID of {FieldName [?] / , } : TypeExp / ;} End
```

　　其中 TypeID 是用户定义的数据类型名，在同一数据类型定义单元内，用户定义的数据类型名必须是唯一的，且不同于预定义的数据类型名。

　　例如，下面的数据类型说明定义了一个记录类型，其名为 Date，它有三个域，分别为 day、month 和 year，它们的类型为 Integer。

```
Record Date of day, month, year: Integer End
```

　　记录类型中的一个域可以用符号 "？" 标注为可省略域。
　　列表类型的语法结构如下。

```
ListType ::= List TypeID of TypeExp End
```

　　例如，下面的数据类型说明定义了一个列表类型，其名为 Stream，其值为一系列整数。

```
List Stream of Integer End
```

　　枚举类型的语法结构如下。

```
EnumeratedType ::= Enumerate TypeID of {EnumID / ,} End
```

　　例如，下面的数据类型说明定义了一个枚举类型，其名为 Week，其值为 Monday 到 Sunday 中之一。

```
Enumerate Week of
    Monday, Tuesday, Wednesday, Thursday, Friday, Saturday, Sunday End
```

　　如前面所述，CAOPLE 的数据类型定义的作用是定义 Agent 之间的通信接口。因此，对这些的数据操作不再与数据类型的结构和格式的定义封装在一起。这不同于从 1970 年开始的传统语言设计的潮流，在这一潮流下，在模块化程序设计语言中，数据的结构和格式的定义及对数据的操作封装在一起，形成模块，甚至变成抽象数据类型。在现代面向对象的程序设计语言中，则进一步演变成类。在 CAOPLE 中，这样的封装依然存在，表现为族将 Agent 的状态及其对状态的修改动作封装在一起。而对作为 Agent 之间通信接口的数据，如何处理它们则留给 Agent 去决定，这一方面使书写 Agent 的代码具有更大的自由空间，又使得语言具有强类型，便于编译进行静态类型检查。

6.2.5　语句与表达式

CAOPLE 在语句设计上也考虑到 Agent 的并行计算特点，与传统程序设计语言有许多细微的差别。

```
Statement ::= Assignment
| ActionEvent
| CasteEvent
| AgentEvent
| Begin {Statement / ; } End
   | LoopStatement
   | IfStatement
   | CaseStatement
   | WithStatement
   | WhenStatement
```

下面介绍各个语句的语法与语义。

1. 赋值、循环、条件和分支语句

首先列举 CAOPLE 中与传统语言中相同的语句。

CAOPLE 中的赋值、循环、条件和分支语句的语法和语义与传统程序设计语言的相应语句相同。

赋值语句的语法如下，其语义是计算赋值号 ":=" 右边的表达式，将其值赋予赋值号左边的变量。赋值号两边的类型必须一致。

```
Assignment ::= var := Exp
```

循环语句的语法如下。

```
LoopStatement ::= ForLoop | WhileLoop | RepeatLoop | Loop
Loop ::= Loop Statement end
WhileLoop ::= While CondExp do Statement end
RepeatLoop ::= Repeat Statement until CondExp end
ForLoop ::= For var := Exp to Exp [ by Exp ] do Statement end
```

条件语句的语法如下。

```
IfStatement ::= if Exp then Statement {elseif Exp then Statement}
   [else Statement] end
```

分支语句的语法如下。

```
CaseStatement ::=
Case Exp of {Exp -> Statement / | } [ else Statement ] End
```

下面介绍 CAOPLE 中的一些独特的语句。

2. 动作语句、族操作语句和 Agent 操作语句

CAOPLE 中的动作语句类似于传统程序设计语言中的过程调用和方法调用，但是有所不同，是 Agent 执行它的一个动作，其语法如下。

```
ActionEvent ::= ActionID [ ( { Exp / , }) ]
```

当 Agent 执行一个动作时，首先计算作为实参的表达式的值，然后将实参值赋予动作说明中的参数变量，执行动作体的语句。在动作体执行完毕后，产生一个外部可见的事件，发送给所有观察该 Agent 的其他 Agent。

CAOPLE 有四个族操作语句：加入族语句 join、退出族语句 quit、挂起族语句 suspend、恢复族语句 resume。其语法如下。

```
CasteEvent ::=
  join CasteID [ ( ActualPara ) ]
  | quit CasteID
  | suspend CasteID
  | resume CasteID
```

CAOPLE 有两条 Agent 操作语句：创建语句 create 和销毁语句 destroy。其语法如下。

```
AgentEvent ::=
create var of CasteID [( ActualPara )] [@ URL]
  | destroy var
```

创建语句 **create** v of C(e_1, $\cdots$, e_n)@URL 的语义是：在地址为"URL"的计算机上创建一个族 C 的 Agent，并以表达式 e_1, $\cdots$, e_n 的值对该 Agent 初始化，最后将该 Agent 的标识号赋予变量 v。

3. with 语句

with 语句的语法与传统程序设计语言中的相应语句相同，但CAOPLE赋予了新的语义。

```
WithStatement ::= with Var do Statement end
```

其中 Var 通常是结构数据类型的状态变量，尤其是记录类型和列表类型的。与传统程序设计语言相同，在 with 语句"**with** x **do begin** s_1; $\cdots$; s_n **end**"中的语句 **begin** s_1; $\cdots$; s_n **end** 中，变量 x 可以省略。但是，CAOPLE 进一步要求 **begin** s_1; $\cdots$; s_n **end** 的执行不被中断，从而保证变量 x 的数据完整性。

4. when 语句

when 语句是 CAOPLE 引入的一个新的语句，用以实现 Agent 观察环境中发生的事件并进行相应的计算。其语法结构如下。

```
WhenStatement ::= When {Scenario -> Statement / | } End
Scenario ::= AgentID : ActionPattern
  | AgentVar : ActionPattern
  | Exist AgentVar in CasteID : ActionPattern
  | Scenario and Scenario
  | Scenario or Scenario
  | Scenario xor Scenario
ActionPattern ::= ActionID [ ( { PatternPara / , } ) ]
PatternPara ::= var Var | Exp | #
```

when 语句 when sc_1 -> st_1 | ⋯ | sc_n -> st_n end 的语义是：从 sc_1 到 sc_n 逐个计算各个情形表达式的值，当情形表达式 sc_k 的值为真时，执行相应的语句 st_k。

在 CAOPLE 中，表达式的定义与传统程序设计语言没有区别，因此不再赘述。

6.3 实   现

本节讨论 CAOPLE 的实现。

6.3.1 概述

CAOPLE 的实现方案以探索面向 Agent 的新型程序设计语言的实用性为主要目的。因此，实现方案的第一个目标是程序能够在普通计算机系统中较高效地运行，并支持较大规模的软件。除此之外，实用性的另一个重要标志是是否较直接地支持程序的调试和测试。为了达到这些目标，本章采取了类似于 Java 语言的实现途径，即"虚拟机＋编译"的途径。

CAOPLE 实现方案的第二个主要目标是提供一个面向 Agent 的新型程序设计语言的实验平台，以检验这类语言是否能够较好地支持 Internet 为基础的软件开发。因此，如何实现 Internet 范围下的网络透明性和并行计算是实现方案的关键。为此，如图 6.1 所示，我们提出一个新的虚拟机结构，将虚拟机分成两个部分：计算引擎（Local Execution Engine，LEE）和通信引擎（Communication Engine，CE），从而使通信设施成为语言虚拟机的一个组成部分。

6.3.2 虚拟机 CAVM

虚拟机 CAVM 是为实现 CAOPLE 而设计并实现的，是一个面向程序设计语言的虚拟机[1]。与现有的语言虚拟机不同，它由两部分组成：计算引擎和通信引擎。它们分布在计算机网络系统中的服务器和用户计算机上，分别完成计算和通信功能。

1. 计算引擎

如图 6.2 所示，CAVM 的计算引擎由如下部分组成：

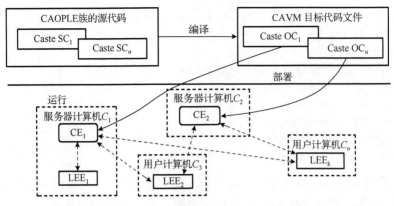

图 6.1　CAOPLE 的总体实现方案

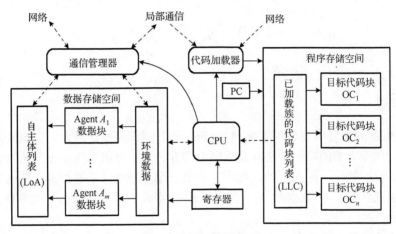

图 6.2　计算引擎的结构

（1）程序代码存储空间（Program Space, PS）用于存储族的目标代码，并记录本引擎中所存储的族。

（2）代码载入器（Code Loader，CL）在中央处理器的控制下，按照预定义的搜索策略，将布置在 CE 上的族目标代码块从网络下载，并载入 PS。

（3）数据存储空间（Memory Space, MS）是程序在运行时刻的内部数据存储空间，存储 Agent 的状态和环境信息，以及其他运行时刻的状态信息。

（4）中央处理器（Central Processing Unit, CPU）根据指令地址寄存器的内容，从程序代码存储空间获取计算指令，解释执行该指令，从而完成指令所规定的对数据和其他状态的处理，并修改指令地址寄存器的内容，使其指向下一条指令。

（5）指令地址寄存器（Program Counter, PC）的内容指向 PS 的地址，保存当前所执行的指令地址。

（6）通信管理器（Communication Manager, CM）负责本计算引擎与所有通信引擎的通信。在接到 CE 发来的动作事件的信件时，它修改本计算引擎在数据存储空间中保留的环境信息。当接到本计算引擎发送动作事件信件的指令时，它把相应的信件发送到指定的 CE。

（7）环境寄存器（Context Register，CR）由两部分组成：①当前运行的 Agent 的局部数据在数据存储空间中的位移量；②当前运行的 Agent 的操作数栈顶地址。通过使用环境寄存器，同一族的 Agent 可以实现目标代码的共享，也使在 Agent 之间动态切换更为便捷。

CAVM 不仅通过在网络上运行多个计算引擎和通信引擎来支持并行计算，而且，在同一计算引擎上并发地运行多个 Agent。它在多 Agent 之间的调度策略（当前为轮换策略，round robin）的控制下，通过使用环境寄存器，在 Agent 之间进行切换。

2. 通信引擎

通信引擎主要有如下功能。

（1）存储并管理部署于通信引擎上的族目标代码。

（2）登记并管理 Agent 的族属关系。

（3）支持 Agent 之间的通信。

如图 6.3 所示，通信引擎由如下部分组成：

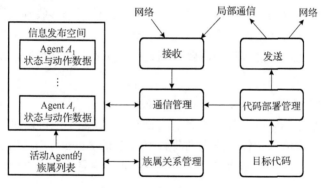

图 6.3　通信引擎的结构

（1）信息发布空间（Publication Space, PS）存储 Agent 发布的动作事件。

（2）消息接收与发送器（Message Receiver and Dispatcher, MRD）负责与计算引擎之间的信件发送与接收。

（3）族属关系管理器（Caste Membership Manager, MM）登记并更新 Agent 所在的计算引擎，其族属关系，及其表示族属关系活动性的状态。

（4）代码部署管理器（Code Deployment Manager, DM）存储所部署在该通信引擎上的族目标代码块，并进行登记和更新。

（5）通信管理器（Communication Manager, CM）在接收到一个 Agent 发来的关于

动作事件的信件时，根据族中所定义的观察环境定义，Agent 的族属关系及其活动状态，决定将信件发送给哪些 Agent，并从 Agent 登记中获取其网络地址。

3. 计算引擎与通信引擎之间的通信和交互

虚拟机 CAVM 的一个主要特点是它对 Agent 之间的网络通信透明性的支持。这是通过计算引擎和通信引擎之间的通信和交互来实现的，其间的信件可分为如下三类。

1）族属关系的注册与消册（registration and deregistration）

当一个 Agent A 作为族 C 的实例创建时，或者当一个已有的 Agent A 加入一个族 C 时，A 所在的计算引擎向族 C 所部署的通信引擎发送 A 对族 C 的注册请求信件。此时，通信引擎更新其族属关系登记表，并开始对 Agent A 的通信支持。

当族 C 的一个 Agent A 销毁时，或退出族 C 时，Agent A 所在的计算引擎向族 C 所部署的通信引擎发出消册请求信件。此时，该通信引擎更新其族属关系登记表，并停止对 Agent A 关于族 C 的通信支持。

2）动作与状态更新（action and state update）

在 CAOPLE 中，Agent 之间的通信通过可观察动作和可观察状态的更新来完成。CAOPLE 的编译程序把执行可观察动作的动作语句和对可观察状态变量进行修改的赋值语句翻译成发送事件指令。当该指令执行时，计算引擎向其族所部署的通信引擎发出一封以该动作为内容的动作事件信件。当相应的通信引擎接收到这样的动作事件信件时，它将信件传送给观察此动作的其他 Agent。因此，发出此动作的 Agent 不需要知晓哪些 Agent 接收此信件，更不需要知晓这些 Agent 的网络地址，从而实现网络通信的透明性。

3）族属关系的查询（query of caste membership）

CAVM 还提供了 Agent 对族属关系的查询功能。计算引擎可以向族 C 所部署的通信引擎发送族属查询请求信件，查询当前属于族 C 的 Agent。当通信引擎接到该信件时，它向计算引擎发送包含当前注册的所有 Agent 的信息的族属查询回复信件。

4. CAVM 指令集

CAVM 的指令分为三类：

（1）计算指令完成计算和局部控制功能，包括算术和逻辑运算，以及操作栈的控制等。

（2）交互指令完成 Agent 之间的交互功能，包括族目标代码的装载，Agent 的创建与销毁，Agent 加入与退出族，Agent 状态的更新、动作事件的发布，信件的发送和接收，事件的发布和预订等。

（3）外部引用指令实现 CAVM 与外部系统环境提供的功能的接口，例如，对在宿主机上的第三方提供的程序库（如 DDL 库）的调用。

表 6.2 列举了 CAVM 的主要指令，并说明了它们的功能。

在表 6.2 中，<type>或者是 i，代表整型，或者是 r，代表实数型。<cond>或者是 gt，表示大于等于零，或者是 lt，表示小于零，或者是 le，表示小于等于零，或者是 eq，表示等于零，或者是 ne，表示不等于零。

表 6.2　CAVM 指令集

指令 ID	功能
pushvar <idx>	将内存空间 [<idx>] 地址的内容推进栈
storevar <idx>	将栈中的内容存入内存空间[<idx>]地址
pushselfid	将当前的 Agent 的标识推进栈
push<type><value>	将<type>类型的值<value>推进栈
pop	退栈
dup	复制栈顶元素
pushconstantsec	将当前 Agent 的族中定义的常量推进栈
pushlistentry<idx>	将 list 中第[<idx>]个元素推入栈
add<type>	将操作数与栈顶元素相加
sub<type>	将操作数与栈顶元素相减
mul<type>	将操作数与栈顶元素相乘
div<type>	将操作数除以栈顶元素
int2string <int>	将整型数转换成相应的字符串，并置于栈顶
if<cond><offset>	当<cond>真时，控制转移到<offset>地址
comparestring	将操作数（字符串）与栈顶的字符串比较
nop	空操作
return	控制返回
jump <offset>	控制转移到<offset>值的地址
quit	退出当前程序
yield <millisec>	Agent 放弃控制，进入休眠状态
loadcaste <idx>	加载族代码，其中族的名称在常量区的[<idx>]地址处
agentnew	创建一个 Agent 的环境变量区，并推入栈顶
agentalloc	给栈顶的 Agent 分配内存
agentdealloc	将栈顶的 Agent 取消内存分配
agentregister	生成 Agent 注册信件，其中 Agent 的信息在栈顶，并将信件置于栈顶
agentregisterpost	处理 Agent 注册回复信件
agentunregister	生成 Agent 注销信件，其中 Agent 的信息在栈顶，并将信件置于栈顶
agentready	将栈顶的 Agent 的状态置为就绪
instanceof <idx>	查询当前 Agent 是否是地址为<idx>的族的实例
instanceset <idx>	生成族实例集查询信件，其中族的信息在栈顶，并将信件置于栈顶
instancesetpost	处理实例集查询回复信件
sendmessge	发送栈顶的信件
updatestate <idx>	发布当前 Agent 更新的地址为[<idx>]状态变量的更新动作
updateaction <idx>	发布当前 Agent 完成了的地址为[<idx>]动作

指令 ID	功能
setstate <idx>	设置当前 Agent 在地址为[<idx>]状态变量的值
setaction <idx>	设置当前 Agent 在地址为[<idx>]的动作
param<type><value>	将<type>类型的参数传给新创建的 Agent
paramstring <idx>	将地址为<idx>的 string 类型的参数传给新创建的 Agent
observe	根据栈顶信息生成动作观察信件
patternexist <idx>	取地址为<idx>的模式表达式
patternmatch <idx>	将地址为<idx>的模式表达式与环境状态匹配
resetvar <idx>	将地址为[<idx>]的内存初始化
pushenvthruvar <idx>	将环境状态值存入地址为[<idx>]的内存
pushenvthrustate <indx>	将环境状态值存入地址为[<idx>]的状态空间
pushstate <idx>	将状态空间在地址为[<idx>]的值推入栈
loaddll <idx>	装载常量区地址为[idx]所指的 DLL
dllcall <idx>	调用外部 DDL 方法，方法名在常数区，地址为[<idx>]
freedll	将 DLL 清除出内存
setagentstate	设置 Agent 状态值
publishstate	将状态发布到 state to CE

6.3.3　CAOPLE 编译程序

CAOPLE 书写的程序通过编译程序翻译成 CAVM 的目标代码。

1. 数据的表示形式

数据类型的定义在 CAOPLE 中的作用是定义 Agent 之间通信接口的数据结构和格式。由于这样的数据需要在 Agent 之间传输，而 Agent 又分布于 Internet 上不同的计算机上，所以，这里采用 Internet 上广泛使用的 XML 的格式来表示这样的数据。

从 CAOPLE 数据类型定义到 XML 文件的转换规则如下。

1）记录类型

对如下记录类型的数据。

```
Record  RTName of
    FieldName₁: T₁, ···, FieldNameₙ: Tₙ
    End
```

用如下格式的 XML 文件表示。

```
<Record TypeID= "RTName", Length= "n">
    <FieldName1>
        <TypeTag TypeID= "T1"
            <Value>      ···   <?value of type T1?> </Value>
```

```
        </TypeTag>
    </FieldName1>
    …
    <FieldNamen>
        <TypeTag TypeID= "Tn">
            <Value> … <?value of type Tn?></Value>
        </TypeTag>
    </FieldNamen>
</Record>
```

其中"Record"是记录类型的"TypeTag"。

2）列表类型

对如下列表类型的数据。

```
List LTName of ElementTypeID End
```

用如下格式的 XML 文件表示。

```
<Lisrt TypeID= "LTName", Length= "k">
    <TypeTag TypeID= "ElementTypeID">
        <Value>      …      <?value 1 of type ElementTypeID?> </Value>
    </TypeTag>
    …
    <TypeTag TypeID= "ElementTypeID">
        <Value> … <?value k of type ElementTypeID?>      </Value>
    </TypeTag>
</List>
```

其中"List"是列表类型的"TypeTag"。

3）枚举类型

对如下枚举类型的数据。

```
Enumerate ETName of EnumID1, …, EnumIDk End
```

用如下格式的 XML 文件表示。

```
<Enumerate TypeID= "ETName", Value = "EnumIDx" />
```

其中"Enumerate"是枚举类型的"TypeTag"。

4）预定义的基本数据类型

用如下格式的 XML 文件表示预定义的基本数据类型的数据。

```
<TypeTag, Value = "EnumIDx" />
```

其中整型 Integer、实数型 Real、布尔型 Bool、字符型 Char、字符串型 String 的
"TypeTag"分别为"Integer""Real""Bool""Char"和"String"。

2. 源程序的目标代码结构

由 CAOPLE 生成的 CAVM 目标代码的结构也不同于通常的虚拟机，而是一个 XML 文件。每一个族在编译后生成一个 XML 文件。以 XML 文件形式表达的目标代码在上传到计算引擎上时，由加载器翻译成二进制 CAVM 指令的目标代码。这一设计的主要目的是，一方面使目标代码便于在 Internet 上部署、传输和下载，另一方面又使目标代码能够得到比较高效的解释执行。

如图 6.4 给出的 XML Schema 所示，CAVM 目标代码块由如下部分组成。

（1）族名是族的标识符，字符串类型。

（2）数据段包含程序中使用的字面常量、该族的数据类型定义、状态变量说明、动作说明和环境说明中引入的标识符等信息，以及代码段的程序中使用的相对引用地址。

（3）初始化代码段包含该族 Agent 的初始化代码，在创建 Agent 时或当 Agent 加入族时运行。

（4）主代码段包含该族 Agent 的主代码体，它实现该族 Agent 的功能。

```xml
<schema>
- <element name="def" type="string">
  - <sequence>
      <element name="comment" type="string" />
    - <element name="constant_section">
      - <sequence>
        + <element name="utf8" maxOccurs="unbounded">
        + <element name="state" maxOccurs="unbounded">
        + <element name="action" maxOccurs="unbounded">
        + <element name="env" maxOccurs="unbounded">
        + <element name="caste">
        </sequence>
      </element>
      <element name="init" type="string" />
      <element name="body" type="string" />
    </sequence>
  </element>
  <attribute name="index" type="nonNegativeInteger" />
  <attribute name="count" type="nonNegativeInteger" />
  <element name="name" type="nonNegativeInteger" />
+ <element name="envtype">
+ <element name="typecode">
  <element name="url" type="nonNegativeInteger" />
  <element name="scope" type="nonNegativeInteger" />
</schema>
```

图 6.4　目标代码结构的 XML Schema 定义

3. 编译程序的实现

编译程序是用 Coco/R 编译器生成的 Java 程序[2]，它对 CAOPLE 源程序进行两遍扫描。

（1）第一遍扫描将源程序的无用信息略去，转换成一系列"token"，其中除了语义信息外，还保存相应源程序代码的位置，即行号和列号，以便对程序的调试。

（2）第二遍扫描完成语法分析、语义分析和代码生成功能。语法分析检查源程序是否符合 CAOPLE 的语法定义。语义分析的主要功能是类型检查，并将语义有关的信息保存在符号表中。代码生成则产生族的目标代码。

6.4　相　关　工　作

与本章相关的工作有两个方面：语言的设计和语言的实现。

6.4.1　面向 Agent 的程序设计语言研究

Bordini[3]早在 2006 年就指出，"开发多 Agent 系统往往是一个艰巨的任务（a daunting task）"。他认为，其原因之一是程序员"缺乏将需求分析和设计中的概念映射到程序设计语言中的程序构造的技能"。正是因为如此，尽管面向 Agent 的程序设计语言的开发环境和工具的研究取得了长足的进展，面向 Agent 的程序设计语言的实用至今依然如故。在 CAOPLE 的设计中，我们尝试用更接近程序员现有思维模式的程序构造，来弥补 Bordini 所说的技能缺失。

现有的面向 Agent 的程序设计语言可以分为三类[3]：说明式（declarative）、命令式（imperative）和混合式（hybrid）。

说明式程序设计是与命令式程序设计相对立的一种程序设计风格。前者在不描述控制流的前提下，通过表达计算的逻辑来进行程序设计。支持这种程序设计风格的程序设计语言典型实例有基于逻辑的程序设计语言和函数式程序设计语言。命令式程序设计则直接描述计算的算法，即描述计算的步骤和对计算资源的使用。现有的主流程序设计语言多为命令式语言，如 Java、C 和 C++等。

说明式面向 Agent 的程序设计语言的主要代表包括 FLUX[4]、Minerva[5]、Dali[6]、ResPect[7]，以及 CLAIM[8]等。这些语言以各种形式逻辑为基础，表达 Agent 的内心状态及其变化，以及在各种内心状态下进行的计算动作。表 6.3 列举了上述语言的逻辑基础。

表 6.3　代表性说明式面向 Agent 的程序设计语言的逻辑基础

语言	逻辑基础	所表述的内心状态
FLUX	流演算（fluent calculus）	环境模型、行为计划与策略
Minerva	多维逻辑程序设计(Multi-Dimensional Logic Programming, MDLP)	系统状态的更新规则
Dali	Horn-子句逻辑程序设计（Horn clause logic programming）	行为规则、Agent 之间的协同
ResPect	逻辑程序设计与元组中心（logic programming and tuple center）	BDI
CLAIM	环境演算（ambient calculus）	知识、目标、能力

　　纯粹的命令式面向 Agent 的程序设计语言并不多,主要代表是 JACK[9]的程序设计语言 JAL,它是 Java 语言的扩充,在 Java 语言中增加了描述 BDI(Belief-Desire Intention)结构的语言设施。SLABSp[10-12]也是一个命令式的面向 Agent 的程序设计语言,它在 Java 语言中增加了描述 Agent 族和以情形(scenario)为基础的行为规则等语言设施。与 CAOPLE 所不同的是,SLABSp 不是一个纯粹的面向 Agent 的语言,程序可以由对象和 Agent 共同组成。

　　混合式面向 Agent 的程序设计语言在命令式语言的基础上,增加基于逻辑的语言实施来表达 Agent 的内心状态以及逻辑推理,主要代表性语言有 3APL[13]、Jason[14,15]、IMPACT[16,17]、Go![18],以及 AF-APL[19,20]等。近年来,在提供描述 Agent 的内心状态的语言设施之外,提供描述环境、Agent 的组织结构和社会行为范式(social norm)的语言设施成为一种新的研究趋势,代表性的工作有 JaCaMo[21]和 NPL[22]等。

　　CAOPLE 与上述语言不同,是一个纯粹的面向 Agent 的程序设计语言。在静态结构上,程序只由 Agent 的族所组成。在动态结构上,程序在运行时刻的单元只有 Agent。它还是一个纯粹命令式的语言,Agent 的行为由命令式的语句来定义,CAOPLE 引进了新的命令式语句以支持 Agent 的主动和自主的行为,支持并行和分布式计算,支持 Agent 之间通信与同步,从而更加直观易用。

　　此外,现有的面向 Agent 的程序设计语言都提供直接地描述和处理特定内心状态结构的语言设施,如 Beliefs、Intension、Desire、Plan,以及 Goal 等。CAOPLE 没有直接地提供这样的语言设施,而是以一般的 Agent 状态说明代替它,具有通用性,且大大地简化了语言的概念模型和语言的语义。

　　近年来一些新的面向 Agent 的语言,如 NPL[22],还引进描述社会行为范式的设施,如表示义务(obligation)、规范(regulation)、禁忌(regimentation)、奖惩(sanction)、准许(permission)等有关社会行为的元语[22]。CAOPLE 没有提供专门描述这些概念的专用语言设施,但这些概念也可以用命令语句表示。

　　面向 Agent 的程序设计语言研究在近年来的一个发展趋势,是增加描述组织结构的语言设施,用来表达角色(role)、组织(organization)、群(group)、社区(community)等组织结构的抽象概念。其典型代表有 Moise[23]。CAOPLE 没有提供专门的特殊语言设施来描述这些概念。但是,实例研究表明,Agent 族作为一个构造程序的基本语言设施,可以描述这些专门的组织结构概念。因此,CAOPLE 简洁而灵活,且表达力强。

　　CAOPLE 的 Agent 族比对象类具有更强的封装,从而使 Agent 能够更好地支持分布式计算和并行计算。将环境描述作为 Agent 的一个有机组成部分是 CAOPLE 的另一个特点,它不仅是一种更加直观地描述发布/预定(publish/subscribe)通信机制的语言设施,使语言具有动态、开放的性质,而且使静态强类型检查成为可能。

6.4.2　面向 Agent 语言的实现

　　Bordini[3]还指出,开发多 Agent 系统困难的另一个原因是缺乏成熟的开发方法和工具。面向 Agent 的程序设计语言与现有的计算机硬件有较大的距离，难以直接在现有的软硬件平台上实现。现有的实现方法可概括为如下三种途径：

（1）框架：使用一个现有的程序设计语言为基础语言，用基础语言编写一组构件（称为框架构件），将新语言编写的程序翻译成目标代码，与框架构件一起，构成应用系统。其特点是：①框架构件并不是完整的可运行的系统，而往往以代码库的形式出现；②新语言编写的程序所翻译成的目标代码往往是用基础语言书写的，用基础语言的编译程序翻译并与框架构件连接形成可执行的软件；③新语言程序的运行环境是基础语言提供的运行环境。

（2）平台：使用一个或多个现有的程序设计语言为实现语言，编写一组具有中间件性质的设施，提供对用新语言编写的程序在动态运行时刻的支持。新语言的程序在平台上运行，有两种运行模式：①新语言可以通过编译程序翻译成调用平台所提供的设施的目标软件，然后在平台上运行；②用平台提供的设施解释执行新语言的程序。前者还往往需要一个基础语言来实现程序的控制结构，完成对平台设施的调用。

（3）虚拟机：它与平台有一定的相似性，所不同的是，虚拟机所提供的不是具有较高抽象级别的设施，而是一组较基本的指令。虚拟机的运行机制也较简单易懂，可以较高效地实现。新语言的程序通过编译程序翻译成虚拟机的目标代码，在虚拟机上运行。

在框架途径下，新语言对基础语言的依赖性较强，难以摆脱基础语言在运行时刻的基本动态特性。这种途径常常用于命令式面向 Agent 程序设计语言的实现。Desire 是一个典型的面向 Agent 程序设计语言的实现框架。

平台途径可以使新语言的特征与实现语言的特征较好地分离，从而能够较好地支持面向 Agent 程序设计语言的新动态特征，是近年来用于实现混合式面向 Agent 程序设计语言的主要途径，典型代表有 3APL 实现平台、JACK 开发环境中的 BDI 运行平台，以及实现了 Jason 的 Erlang 平台[24]等。平台途径的主要缺点是实现效率较低，且程序的调试较困难，不利于书写较大规模的实用程序。尤其是在平台不太成熟时，在程序的调试中，难以区分新语言书写的程序中的错误和平台实现中的错误，从而难以成为实用的系统。值得指出的是，平台与框架经常相结合，以补充各自的不足之处，并进一步扩展成软件开发环境。因此，平台与框架这两个原本不同的概念在文献中往往被混淆。

虚拟机在面向对象的程序设计语言和函数式程序设计语言的实现上都有成功的案例，如 Java 的虚拟机实现。这是一个较成熟的软件语言实现技术。但是，面向 Agent 的程序设计语言的新特征对虚拟机的设计和实现，以及编译算法的设计与实现都提出了新的挑战。这一途径在文献中尚未见用于面向 Agent 的程序设计语言的实现。本章的工作是用虚拟机途径实现面向 Agent 的程序设计语言的初次尝试。

6.5　本章小结

　　针对自主元素的特点，本章介绍了一种以 Agent 为基本构成单元的程序设计语言 CAOPLE。首先介绍了 CAOPLE 的概念模型，定义语言中的基本概念；其次介绍了语言的设计，定义语言的语法，并说明其语义；然后介绍了语言的实现，包括为 CAOPLE 而设计并实现的虚拟机 CAVM 和从 CAOPLE 到 CAVM 指令的编译；最后介绍了相关工作，并对 CAOPLE 设计和实现途径的特点进行了讨论。该语言的基本设计思想与 iVCE 按需聚合、自主协同的思想相吻合。我们正在进一步用该语言进行以 Internet 为运行平台的程序设计的实验。在实验基础上，正在优化 CAOPLE 的设计，改进 CAVM[25]。

参 考 文 献

[1] Zhou B, Zhu H. A virtual machine for distributed agent-oriented programming. Proceedings of International Conference on Software Engineering and Knowledge Engineering, Redwood City, 2008: 729-734.

[2] Fantou T. A compiler of agent-oriented programming language. Oxford: Oxford Brookes University, 2013.

[3] Bordini R H. A survey of programming languages and platforms for multi-agent systems. Informatica Slovenia, 2006, 30(1): 33-44.

[4] Thielscher M. FLUX: A logic programming method for reasoning agents. Theory and Practice of Logic Programming, 2005, 5(4-5): 533-565.

[5] Leite J A, Alferes J J, Pereira L M. MINERVA: A Dynamic Logic Programming Agent Architecture// Meyer J J, Tambe M. Intelligent Agents Ⅷ: Agent Theories, Architectures, and Languages. Berlin: Springer, 2002: 141-157.

[6] Costantini S, Tocchio A. A logic programming language for multi-agent systems. Proceedings of the European Conference on Logics in Artificial Intelligence, London: Springer, 2002: 1-13.

[7] Omicini A, Denti E. From tuple spaces to tuple centres. Science of Computer Programming, 2001, 41(3): 277-294.

[8] Seghrouchni A E F, Suna A. CLAIM: A computational language for autonomous, intelligent and mobile agents. Proceedings of the 1st International Workshop on Programming Multiagent Systems, 2004: 90-110.

[9] Busetta P. JACK intelligent agents-components for intelligent agents in Java. AgentLink News, 1999: 1-4.

[10] Wang J, Shen R, Zhu H. Agent oriented programming based on SLABS. Proceedings of the 29th Annual International Computer Software and Applications Conference, IEEE Computer Society,

Washington, 2005, 1: 127-132.

[11] Wang J, Shen R, Zhu H. Caste-Centric agent-oriented programming. Proceedings of the 5th International Conference on Quality Software, IEEE Computer Society, Washington, 2005: 431-438.

[12] Wang J, Shen R, Zhu H. Towards an agent oriented programming language with caste and scenario mechanisms. Proceedings of the 4th International Joint Conference on Autonomous Agents and Multiagent Systems, ACM, New York, 2005: 1297-1298.

[13] Hindriks K V. Agent programming in 3APL. Autonomous Agents and Multi-Agent Systems, 1999, 2(4): 357-401.

[14] Pibil R. Notes on pragmatic agent-programming with Jason. Proceedings of the 9th International Conference on Programming Multi-Agent Systems, Berlin: Springer, 2012: 58-73.

[15] Vieira R. On the formal semantics of speech-act based communication in an agent-oriented programming language. Journal of Artificial Intelligence Research, 2007, 29(1): 221-267.

[16] Subrahmanian V. Heterogenous Agent Systems. London: MIT-Press, 2000.

[17] Dix J, Zhang Y. IMPACT: A multi-agent framework with declarative semantics. Multi-Agent Programming: Languages, Platforms and Applications, 2005: 69-94.

[18] Clark K L, McCabe F G. Go! A multi-paradigm programming language for implementing multi-threaded agents. Annals of Mathematics and Artificial Intelligence, 2004, 41(2-4): 171-206.

[19] Grigore C, Collier R. Supporting agent systems in the programming language. Proceedings of the IEEE/WIC/ACM International Conferences on Web Intelligence and Intelligent Agent Technology, IEEE Computer Society, Washington, 2011, 3: 9-12.

[20] Collier R W. Agent factory: A framework for the engineering of agent-oriented applications. Dublin: University College Dublin, 2002.

[21] Boissier O. Multi-Agent oriented programming with JaCaMo. Science of Computer Programming, 2013, 78(6): 747-761.

[22] Hübner J F, Boissier O, Bordini R H. A normative programming language for multi-agent organisations. Annals of Mathematics and Artificial Intelligence, 2011, 62(1-2): 27-53.

[23] Hübner J F. Instrumenting multi-agent organisations with organisational artifacts and agents. Autonomous Agents and Multi-Agent Systems, 2010, 20(3): 369-400.

[24] Fernandez D'iaz A, Benac Earle C, Fredlund L A. Erlang as an implementation platform for BDI languages. Proceedings of the Eleventh ACM SIGPLAN Workshop on Erlang, ACM, New York, 2012: 1-10.

[25] Xu C, Zhu H, Bayley I, et al. CAOPLE: A programming language for microservices SaaS. Proceedings of The Tenth IEEE Symposium on Service-Oriented System Engineering, Oxford, 2016: 42-52.

第 7 章   未 来 发 展

本章首先介绍互联网技术和产业的当前状态及面临的挑战，然后介绍本书针对高效可信虚拟计算环境的需求，在多尺度资源建模、聚合以及弹性绑定等方面取得的一些研究进展。

7.1   互联网应用发展迅速

近年来，在涉及国民经济、国家安全、社会生活等领域的互联网新型应用推动下，互联网发展呈现崭新的面貌：互联网产业欣欣向荣，互联网影响更加广泛，互联网计算的规模急剧迅速增长，互联网应用的负载变化剧烈。

7.1.1   互联网产业欣欣向荣

互联网产业已经成为我国信息产业发展的新兴力量。特别是手机等移动上网终端的迅速发展和普及，带动了近年来互联网产业的大发展。根据艾瑞咨询统计[1]，过去几年，我国互联网经济的年平均增长率达到 53.6%，远高于我国经济增速。百度、阿里巴巴、腾讯等新兴互联网企业依靠本土特色迅速成长，形成市场优势。电子商务类应用持续快速发展，移动端成为重要突破点。截至 2015 年 12 月[2]，网络购物网民规模达到 4.13 亿，使用网上支付的网民规模达到 4.16 亿，手机网上支付用户规模达到 3.58 亿，32.6%的中国企业开展了在线销售。2003 年淘宝网全年交易额仅为 2271 万元；到 2015 年 11 月 11 日，淘宝和天猫网的"双十一"单天交易额已经达到 1229.4 亿元，为支撑这巨大规模业务量的直接间接就业人员，已经超过数千万人。与此同时，互联网产业推动了我国第三产业发展。以阿里巴巴集团为例，其电子商务业务极大地推进了我国物流业和电子支付业的发展。

毋庸置疑，互联网产业已经成为我国新的经济增长点，互联网新型应用带动了互联网产业的快速提升，成为产业结构调整和发展方式转变的重要推动力。

7.1.2   互联网影响更加广泛

互联网已成为现代社会的信息基础设施，对经济、社会、科研、军事乃至人们的日常生活等方面都产生了广泛而深入的影响。互联网服务的快速发展为互联网影响力的扩大奠定了基础，软件即服务、平台即服务、基础设施即服务的理念在互联网上得以实现。便捷多样的互联网接入手段极大地方便了用户对互联网服务的使用。随着网络向三网融合方向的发展，还会出现更丰富的用户接入类型。互联网在促进人们信息获取、拓展人际交往、鼓励社会参与以及提高生活品质等方面发挥了积极的作用。

　　微博、微信、社交网络等互联网新型应用对经济社会的影响日益增长，成为社会安全的新阵地，其引起的网络舆情在成为政府部门决策的重要依据的同时，其直接性、突发性和偏差性等特征也为国家对网络舆情的管理带来了困难。据统计[2]，目前我国网页数量超过 2200 亿，网站总数达到 423 万个，年增长率超过 26%，给网络舆情分析带来很大挑战；又如，各种势力利用互联网进行破坏活动的事件时有发生，对国家安全稳定产生了直接的影响。互联网新型应用带来了一系列新的课题，对国家安全与社会和谐产生了深刻影响。

7.1.3　互联网计算的规模迅速增长

　　在互联网计算的设施规模方面，仅 Google 公司在全球就有数十个数据中心，服务器数量已经达到百万量级。在网络服务规模方面[2]，仅就我国网站规模而言，在 2015 年达到了 423 万。在用户规模方面[2]，截至 2015 年 12 月，我国互联网网民数量达到6.88 亿，手机网民数量达 6.20 亿，在世界各国中居第一。其中，即时通信网民规模达6.24 亿，搜索引擎网民规模为 5.66 亿，社交应用网民规模为 5.3 亿，在线教育网民规模达 1.10 亿，使用网络预约出租车网民规模达 9664 万人。在数据规模方面，仅百度公司日处理数据量达到 10PB 量级，总数据量超过 1000PB；IDC 研究报告[3]表明，全球拥有的数据量每 18 个月将翻番，2020 年将达到 35ZB，增长迅猛。

7.1.4　互联网应用的负载变化剧烈

　　在规模巨大的同时，互联网应用的另一个典型特点是负载变化剧烈，峰值需求和平均需求落差大。例如，在电子商务应用中，网站促销等活动会引起用户访问流量和系统负载的急剧变化。2015 年 11 月 11 日，阿里巴巴集团进行"双十一"促销，其旗下支付宝最高峰每秒处理的交易笔数是 8.59 万笔，在线人数峰值达到 4500 万，访问用户数量和交易量相对平日都有大幅度的激增。又如，在社会突发事件发生时，相关互联网新闻网站和视频网站等的负载都会急剧变化。互联网应用的负载剧烈变化对互联网计算系统提出了很大挑战。如果按照平均需求配置互联网计算系统资源，则在峰值需求发生时无法满足要求；但如果按照峰值需求配置资源，又会造成很大的资源浪费和成本开销。一些互联网计算系统在应对负载急剧变化方面能力不足，导致了系统瘫痪或故障，对业务产生了很大影响。

7.2　互联网计算面临新挑战

7.2.1　互联网新型应用带来的新问题

　　互联网新型应用的迅速发展，给互联网计算带来了很多新问题。首先是规模化问题：互联网应用的规模呈爆炸式增长，并且互联网服务的负荷变化剧烈，由此带来了计算设施（如数据中心等）投资巨大、资源利用率不高，并且应用服务质量难以保障等问题。根据 Google 公司发布的数据，近年来其仅用于数据中心建设的投资已超过 74 亿美元，而数据中心运营费用还高于其建设成本，相关数据表明，Google 在美国俄勒冈州的数据中心每天的耗电量与日内瓦市相当；然而，据统计，目前数据中心中的资源利用率仅在 5%～20%[4]。因此，能否在动态变化的海量用户获得必需的服务质量保证的情况下，降低基础设施投资和运行成本，平衡规模与效益的关系，已经成为互联网企业能否保持竞争力的关键问题。

其次是公用化的问题：互联网已经成为普通百姓获取便捷服务的公共基础设施，越来越多的个人和中小企业为了控制成本，开始将其业务和数据提交第三方数据中心托管，互联网对国家的经济社会发展的影响越来越大。与此同时，建立在互联网上的公用计算环境的可靠性和安全性问题也日益凸显，并且失效代价猛增。2009 年 10 月，Microsoft 公司下属的数据存储提供商的一次服务器故障，导致上百万智能手机用户的数据丢失；2014 年 9 月，苹果 iCloud 云平台发生数据泄露问题；2014 年 11 月，中国腾讯云服务器发生故障，导致服务不可用。如何在互联网上建立如同传统基础设施（如电力、电信、金融、交通等）一样可以信赖的公用计算环境，已经成为十分迫切的课题。

应对互联网应用规模化和公用化的新挑战，迫切需要探索适应互联网新型应用需求的互联网计算新模式。

7.2.2　互联网计算面临发展新机遇

问题规模和应用模式的变化常常引发计算技术的新突破。当一类问题的规模扩大至传统计算技术不能很好地应对时，就有可能出现创新性的技术。例如，在传统的科学计算应用领域，随着问题规模的扩大，产生了向量机、共享存储的对称多处理机、分布存储大规模并行处理机等一系列革命性的并行计算技术。当一种新的应用模式出现时，往往伴随新的计算技术出现。例如，在主机时代，为了充分发挥计算资源的效益，计算机的应用模式由单任务发展到多任务，再发展到多用户共享使用计算机，由此推动了操作系统技术的发展和成熟；在个人计算机时代，个人使用计算机模式的出现产生了桌面计算机；进入网络计算时代，网络计算技术的发展始终与网络应用模式相伴随，特别是在 20 世纪 90 年代，支撑企业业务模式网络化的企业计算技术蓬勃发展。

当前，互联网计算较之传统的企业计算，问题规模和应用模式均发生了深刻变化，我们又处在计算技术发生新变革的转折点。

首先，互联网计算的问题规模较之传统企业计算的问题规模发生了若干数量级的变化。从用户规模看，传统企业计算系统（如金融服务系统、航空服务系统和指挥控制系统）的用户规模一般不超过 M 量级（百万量级）；而网络搜索、网络购物、网络社交等典型的互联网计算系统的用户规模将达到 G 量级（十亿量级）。从数据规模看，典型企业计算系统中的数据以结构化数据为主，系统的数据规模一般为 T 量级（万亿量级）；而互联网计算系统中的数据以非结构化数据为主，许多互联网计算系统中的数据量已经达到 P 量级（千万亿量级）。从业务规模看，传统企业计算系统并发事务的处理能力很难突破数 M 量级，并且高峰并发量与平均并发量没有数量级的变化；而互联网计算系统中的并发访问量已经达到 G 量级，并且峰值访问量与平均访问量可能相差几个数量级。这种问题规模的变化导致经典企业计算技术难以应对互联网规模的应用。例如，传统的集群系统、关系数据库系统和文件系统在能力上已经难以应对互联网计算中的数据管理问题，目前主流的解决方案是通过成百上千的企业计算系统共同应对大规模的互联网计算问题，从而导致保证系统服务质量的成本居高不下，而且利用率低下。

其次，互联网计算应用模式较之经典的企业计算应用模式，主要区别表现为公用化与共享化的差别。从用户与系统的关系看，在企业计算的共享模式下，用户服从于系统，用户是被动的服务接受者，用户与系统的边界清楚；而在互联网计算的公用模式下，平台服从于用户，互联网成为提供服务的公用平台，需要持续不间断地提供服务，用户不再仅是服务的消费者，同时也是提供者，用户与应用系统的边界模糊。从用户间的关系看，在企业计算的共享模式下，用户之间的关系是相对稳定、可预测的；而在互联网计算的公用模式下，用户之间经常存在类似于社会网络的复杂交互关系。互联网计算的公用化模式产生了一系列可信性保障问题，是经典企业计算技术没有涉及的。例如，在互联网计算中需要建立用户之间的信任关系，这是企业计算较少关注的；又如，对于规模巨大的、公用化的互联网计算系统，一方面系统资源故障呈现常态化，另一方面，离线维护具有很大困难。

实践表明，简单复制或递增延续传统企业计算技术途径已经难以有效应对互联网应用规模化和公用化的新挑战。当前，有两条值得关注的应对挑战的研究思路：一是近年来兴起的"云计算"技术[2,4-6]；二是以大量用户参与为特点的"对等计算"技术[6-9]。前者强调构建处理能力巨大的数据中心，以满足海量用户的多样化服务质量需求，面临的主要问题是如何提高数据中心资源利用率，控制成本；后者具有分布性和低成本的天然特性，面临的主要问题是如何保证服务质量。因此，系统地开展互联网新计算模式的结构、特性和支撑技术的基础研究，正成为国际学术界的研究热点，这对于把握和顺应互联网新型应用的特点与规律具有重要的科学意义。

7.2.3 互联网计算面临的关键技术挑战

互联网新型应用给互联网计算带来很多新的技术挑战，这里重点关注于下述两个关键技术挑战难题：规模化网络资源按需聚合模式的效能问题和公用环境下多样化服务的可信问题。

1. 规模化网络资源按需聚合模式的效能问题

随着互联网的发展、网络资源的迅速增长，网络新型应用对资源的需求也经常出现大幅度的波动。网络资源按需聚合模式是指网络计算系统中资源的组织结构以及根据需求使用资源的方式。不同的网络资源按需聚合模式影响着相应的网络计算系统的效能。这里所说的效能是指在网络资源规模化的背景下，网络计算系统以合理的资源消耗，满足系统服务质量需求的能力。

传统上，效率指标和效果指标是衡量计算机系统效能的两个重要指标。前者是指在给定任务的前提下，资源消耗越少，系统效能越高；后者是在给定资源的前提下，完成任务规模越大，系统效能越高。在任务规模和系统资源规模日益扩大的背景下，人们开始关注从可伸缩性的角度评价计算系统的效能，如采用任务规模变化量与资源消耗变化量之间的关系来刻画系统可伸缩性方面的效能。我们注意到，计算系统效能的评价基于两个确定性，即任务相对确定和资源相对确定。

但是，开放的互联网计算环境呈现出很多复杂系统的特征，任务确定性和资源确定性很大程度上已不复存在。由于应用需求的多样性和大规模用户宏观行为的不可预测性使得网络计算系统的任务规模变化预测困难，计算环境的动态性和自治性使得网络计算系统中资源供给存在不确定性和不平衡性，所以，单纯用效率或效果衡量网络计算系统的效能已经难以具备现实可能性和指导意义，迫切需要研究适应互联网计算规模化特点的网络计算系统效能评价理论和高效能系统构造方法。

从计算科学与技术的角度讲，这里涉及两个基本问题：第一是评价问题，即如何科学地定义和评价开放的网络计算系统的效能；第二是构造问题，即采用什么样的资源按需聚合模式建立高效能的网络计算系统。今天，从规模化角度再看网络计算系统的效能问题，其挑战更加尖锐。因此，如何根据应用、用户和数据规模变化，按需在线增减网络计算系统的基础设施、平台和软件等资源，实现大规模资源的有效聚合和集约利用，提升资源聚合的效率，保持系统服务容量、服务质量等关键能力的均衡性，是互联网计算面临的关键技术挑战问题。

2. 公用环境下多样化服务的可信问题

计算设施和平台的公用化已成为互联网计算的重要特征。多种类型的应用和服务运行在公用计算环境之上，服务提供者越来越依赖公用平台来构造和发布服务，并广泛接纳用户通过公用平台参与服务演化。服务的可信性是指其客观具有的服务质量属性的统称，其核心属性常包括可靠性和安全性。如果一个服务的可信性符合用户预期，则该服务相对于该用户而言就是可信的服务。因此，服务的可信问题涉及两个方面，一是如何构造具有良好服务质量的服务；二是如何确认服务的可信性满足用户预期。

服务的可信问题是计算科学与技术领域的经典问题。在传统的计算机系统上构造和确认可信服务是以"可信计算基"为前提的。狭义地讲，服务的可信性以其运行环境的基本安全性和可靠性为基础，自底向上建立信任链。而在互联网环境中，运行多样化服务的公用计算环境难以给出确定的安全性和可靠性承诺，传统的以可信计算基为基础建立信任链的可信保障模型在基于网络的公共计算环境中不再适用。例如，来自不同提供者的多样化服务同时运行在公用计算环境上，这些服务提供者之间以及用户与服务提供者之间缺乏可信承诺，不同服务之间相互干扰、越权访问的风险显著增加，某个服务执行中的错误可能会影响到基础设施，从而对其他服务造成干扰甚至破坏；又如，在大规模的公用计算环境中，资源故障成为一种常态，任何一次系统故障都可能导致大量用户数据和服务不可挽回的损失。特别是，在公用化模式下，服务提供者难以在服务发布前准确获得未知用户群的预期，用户也难以获得服务的可信性证据。

从计算科学与技术的角度讲，我们面临的基本问题是：在公用计算环境中服务的可信性如何表达和评估？能否在不可预知的公共运行环境中构造可信的服务？在公用计算环境中服务的可信性如何演化？我们需要研究适应互联网计算特点的信任管理模型，在不确定的公用计算环境上，建立起服务的使用者与提供者、使用者与使用者、提供者与提供者之间的信任制约机制，保障多样化互联网服务的安全可靠持续稳定运行。这是互联网计算亟待解决的关键技术挑战问题。

7.3 高效可信的虚拟计算环境

面对互联网计算的新挑战，很多 IT 公司，如 Google 、Amazon、微软和中国的百度等，都试图通过构建大规模的数据中心来提供互联网服务[2,10-12]。单个数据中心可以提供有质量保障的互联网服务，但它们在解决上述问题时仍有很多不足。

首先，单个数据中心在服务能力上存在上限。例如，单个集中化的数据中心为众多的互联网用户提供服务时会面临带宽限制，带宽会限制该数据中心能够提供的服务能力。而且，互联网应用经常出现的蜂拥现象对数据中心快速弹性的服务能力提出了迫切需求。数据中心在不同应用之间复用资源，可以在其他应用用户访问需求不大时，为某个应用提供弹性服务能力。但实际系统中，很多应用之间相互关联紧密，一些应用经常面临峰值的访问需求。如果对互联网应用的蜂拥访问需求已经超过数据中心的服务能力，这些互联网应用的服务质量就无法得到保障。为避免这种现象，数据中心不得不增加资源规模来应对峰值的访问需求，但由此又会带来数据中心资源平均利用率低的难题。

其次，构建和维护一个大规模的数据中心在经济和能源方面都耗费不菲。与此同时，互联网上有大量空闲的计算资源，如边缘服务器和网络上的用户终端等。如果这些资源能够用来与数据中心一起分发互联网服务，数据中心的规模可以得到控制和降低。

最后，不同计算模式有其适用的场景。例如，数据中心的计算模式可为应用提供更好的服务质量保障，但其服务能力受到数据中心规模和费用的限制；P2P 计算的模式可以提供较好的可扩展性和较高的效费比，但服务质量不够稳定。联合采用不同的计算模式，有可能在应对互联网应用的规模化和公用化挑战方面具有更好的优势。事实上，一些互联网服务也正在由多个数据中心来联合提供。多个分布数据中心的联合协作，正成为更具效费比的提供互联网服务的方法[14]。

因此，在虚拟计算环境的研究中，我们通过联合数据中心及其他各类计算资源，以构建高效可信的虚拟计算环境[14-16]，提供高效率、低成本、弹性的互联网服务。把互联网上各类不同特点、不同规模的计算资源看成"多尺度"互联网资源。除了传统云计算数据中心外，虚拟计算环境还为互联网上多尺度资源的共享和协作提供支持，通过多尺度互联网资源的虚拟化和自动化，为用户提供透明、一体化、可信的计算环境。

由于不同尺度的互联网资源具有不同的特点和管理模式，给多尺度的资源管理带来了很大困难。例如，数据中心的资源相对稳定，其典型的资源管理模式是 master/slave 模式；而互联网边缘资源通常具有成长性、自治性和多样性，对这类资源全局集中的管理模式难以适用。面向多尺度资源的复杂管理模式带来了很多难题，如如何根据应用需求的动态变化来按需弹性地调整多尺度资源；如何一致地建模和管理多尺度互联网资源；如何按需聚合多尺度资源，支持弹性和经济的互联网服务；如何处理多尺度互联网资源的故障失效和数据一致性；如何提高互联网计算系统的自管理能力和可信性等。针对这些难题，本节将对多尺度资源建模和弹性资源管理进行讨论，并简要介绍本书的最新研究成果。

7.3.1　基本概念

不同尺度的互联网资源具有不同的特性。例如，数据中心资源与互联网边缘资源的特点大不相同，数据中心资源的交互模式与互联网边缘资源也不同。互联网应用的规模化和公用化特点给高效可信虚拟计算环境资源管理带来了很大挑战。本节首先给出多尺度计算系统的描述性定义，然后介绍支持多尺度资源管理和弹性扩展的 iVCE 模型。

定义 7.1　一种计算模式的可扩展性极限是指该种计算模式可发挥正常效能的规模上限；超过扩展性极限后，该种计算模式的效能随规模的加速比会显著降低。

计算模式的加速比的评估参数可能包括很多方面，如 QoS 属性、费用和性能等，可以是通过理论分析或测试集获得的。

每种计算模式有其适用场景，各种计算模式的扩展性极限是不同的。

定义 7.2　多尺度计算系统是包含多种互联网资源的分布式计算系统，这些互联网资源具有不同的规模和能力，甚至可能具有不同的计算模式。当该系统运行在一种计算模式达到其可扩展性极限时，它可以切换到另一种计算模式，或者同时使用多种计算模式。

例如，由数据中心和很多边缘 PC 资源构成的互联网计算系统是一个多尺度计算

系统。数据中心中资源的交互模式是 master/slave 的，而边缘 PC 资源之间可采用 P2P
的协作模式。

定义 7.3　如果计算系统总是可以使用合适的资源来满足各种任务需求，则称该
系统具有弹性绑定的能力。这样的系统应能够感知计算环境或任务的变化，并动态地
给任务绑定相应的资源。

下面将对我们在多尺度资源建模、聚合以及弹性绑定等方面取得的最新研究进展
进行介绍。

7.3.2　多尺度资源建模

多尺度互联网资源具有多样性。数据中心、边缘服务乃至客户端都可以协作来提
供高效低成本的互联网应用。互联网资源之间存在的很大差异使得对多尺度资源建模
存在困难。我们对本书第 2 章中介绍的资源虚拟化模型（即自主元素模型[16]）进行扩
展，来对多尺度资源进行建模[15-17]。自主元素模型对互联网资源进行建模和封装，提
供了动态感知、自主决策和协同工作的能力，由感知器、执行器和行为驱动引擎等组
成，其模型如图 7.1(a)所示。

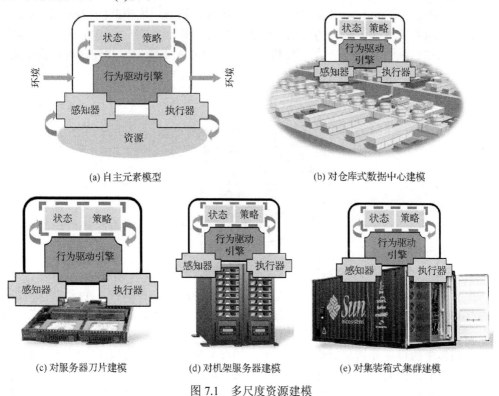

(a) 自主元素模型　　　　　　　　　　　(b) 对仓库式数据中心建模

(c) 对服务器刀片建模　　　(d) 对机架服务器建模　　　(e) 对集装箱式集群建模

图 7.1　多尺度资源建模

多尺度互联网资源可用自主元素模型进行一致的建模。不同尺度的互联网资源，

如服务器刀片、机架服务器、集装箱式集群乃至仓库式数据中心，如图 7.1(b)～图 7.1(e)所示，都可以用自主元素模型来建模。根据应用需求，自主元素可以用于不同的粒度，也可以递归使用。例如，数据中心中可能包括了多个集装箱式集群和网络设备，集群包括了多个机架服务器，而每个机架服务器又包括了多个服务器刀片。这些服务器刀片、机架服务器、集装箱式集群乃至数据中心都可以用自主元素来进行建模，只是模型的物化实现是不同的。例如，每个刀片服务器通常都会有感知代理，不断地监测刀片服务器的运行状态，因此自主元素模型可以容易地在刀片服务器上实现。当集装箱式集群被建模为自主元素时，该自主元素的感知器监测集群中 CPU/内存/磁盘/网络的状态，效应器加载相应的任务。

自主元素提供了资源聚合的元信息，并为异构的互联网资源提供了一致的访问和交互接口。一旦一个互联网资源被建模为自主元素，不管该资源是大规模数据中心还是小的用户终端，它都被当成 iVCE 中的一个基本单元。

7.3.3　多尺度资源聚合

为支持多尺度互联网资源的按需聚合，本书第 2 章介绍的资源聚合模型，即虚拟共同体（Virtual Commonwealth，VC）模型也可进行拓展。虚拟共同体模型声明了发布、定位和组织资源的范围，为应用提供相对稳定的资源视图，如图 7.2 所示。虚拟共同体与虚拟组织[18]在概念上有一些共同点，但 iVCE 中的虚拟共同体可以被 iVCE语言设施[16]进行操作。

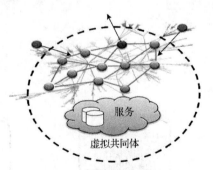

图 7.2　虚拟共同体示例

虚拟共同体中自主元素的组织和交互模式可以有很多种，包括紧耦合的Master-Worker 调度模式到松耦合的 P2P 协作模式等。图 7.3 给出了虚拟共同体中不同交互模式的示例图。在图 7.3(a)的示例中，当集群内部的资源组成虚拟共同体时，该虚拟共同体中的自主元素是对集群中各节点的虚拟化。在这个虚拟共同体中，自主元素是紧耦合的，资源管理基于调度模式（如 Master-Worker 模式）。在图 7.3(b)的示例中，当一个大型数据中心中的各集群组成数据中心虚拟共同体时，该虚拟共同体中的自主元素是对数据中心中各集群的虚拟化，它们的交互关系是松耦合的。在图 7.3(c)

的示例中，当多个数据中心组成一个虚拟共同体时，该虚拟共同体中的自主元素是对各数据中心的虚拟化，它们的交互关系可能是 P2P 的交互模式。

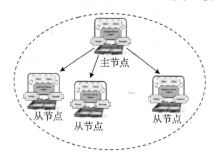

(a) Master-Worker模式

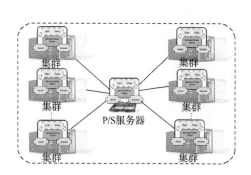

(b) Publish/Subscription模式

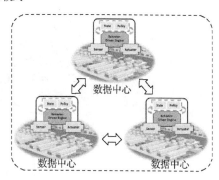

(c) P2P模式

图 7.3　不同交互模式的虚拟共同体示例

在同一个虚拟共同体中，也可能有多种交互模式。虚拟共同体模型可支持 iVCE 中的多尺度资源聚合模式，可以包括多种尺度的互联网资源，如数据中心中的一个集群、一个数据中心、多个数据中心，或者互联网边缘的大量资源等。图 7.4(a)给出了一个视频服务的虚拟共同体示例。在该例中，虚拟共同体中包括了一个提供视频内容的数据中心、为该视频服务的内容分发网络（Content Delivery Network，CDN）的一些边缘服务器，以及使用视频服务并通过 P2P 模式辅助视频服务分发的很多终端 PC。这些多尺度的互联网资源协同来提供大规模弹性的视频服务。在这个虚拟共同体中，存在着多种交互模式，如 C/S 模式和 P2P 模式。与此同时，多个虚拟共同体可以联合起来，构成一个新的虚拟共同体。图 7.4(b)给出了视频服务的多个虚拟共同体联合构成一个新虚拟共同体的示例。

在本书前面章节中已经提到，iVCE 中的资源聚合可以分成两种类型：基于动态绑定的按需聚合，以及基于协作的按需聚合。基于动态绑定的按需聚合提供了基本机制来支持属于同类资源的自主元素聚合；与此同时，虚拟计算环境也提供了层次式协同任务描述方法和基于事件的协作机制。应用多尺度资源模型，我们分别在多级存储[19-21]、多级网络[22]，以及多尺度资源信息查询[23, 24]等方面实现了高效可信的资源聚合。

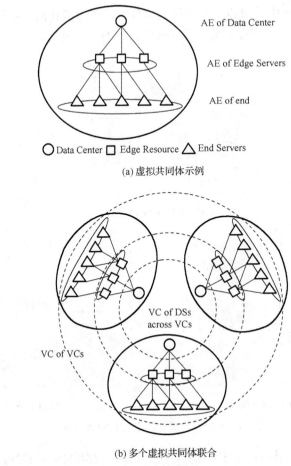

(a) 虚拟共同体示例

(b) 多个虚拟共同体联合

图 7.4　多尺度资源聚合示例

7.3.4　资源的弹性绑定

在虚拟计算环境应用的设计中，通常有很多应用角色，这些角色在运行时动态地绑定到自主元素[17]。虚拟计算环境中的虚拟执行体模型[17]可以用来支持多尺度资源的弹性绑定。

由于虚拟计算环境中同时有多个任务同时运行，需要根据任务需求，动态地将自主元素绑定到任务上。一个任务可能要求多个自主元素来提供服务，而一个自主元素也可能对多个任务提供支持。虚拟执行体[17]是一次任务相关的自主元素的状态的总和，我们可从虚拟执行体获得任务中的自主元素及其交互状态。图 7.5 给出了一个虚拟共同体中一个 Map/Reduce 应用[11]的虚拟执行体的快照。图中的虚线涵盖了参与应用的自主元素（一些自主元素作为 Mapper 的角色，一些自主元素作为 Reducer 的角色）。

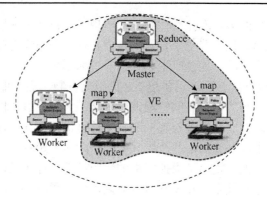

图 7.5 一个 Map/Reduce 应用的虚拟执行体的快照

虚拟计算环境中的资源弹性绑定由下述三个过程组成：感知和探测、评估和决策，以及最后的动态配置和绑定。当监测到任务的资源需求在运行时发生了变化或者新的合适资源可用时，虚拟计算环境对任务的状态、资源和计算环境状态等进行了评估，最终决定自主元素动态绑定哪些资源。图 7.6 给出了跨虚拟共同体的视频应用的弹性绑定示例。弹性绑定要解决的一个重要问题是不同尺度资源聚合的平滑过渡：即当某一种尺度的资源不足以满足应用需求时，系统能够动态弹性地绑定到新的多尺度互联网资源，而不影响应用的正常运行。应用多尺度资源模型，我们分别在互联网内容订阅/分发[25-28]、互联网视频点播（Video on Demand，VoD）[29-32]等方面实现了高效可信的资源弹性绑定。

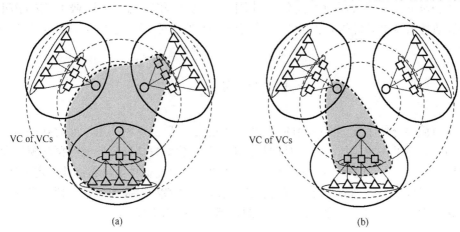

图 7.6 跨虚拟共同体的视频应用的弹性绑定示例

7.3.5 进展简介

我们从我国互联网产业和网络空间管理的重大实践需求出发，以实际运行数据分析为基础，深入研究了互联网计算的特点和规律，聚焦大规模资源聚合效能问题和公用环境下服务可信问题，提出了"多尺度聚合与弹性绑定"的互联网资源管理思路，形成了面向互联网计算的多尺度弹性体系结构模型[15],建立了虚拟计算环境高效伸缩和可信服务的一系列核心机制[19-39],有效支持中心资源、边缘资源和端资源等不同尺度资源的弹性管理,成果的原创性产生了积极的国际影响。

在高效伸缩机理方面,提出了可扩展 I/O 虚拟化机制、虚拟机内存弹性管理机制、可扩展数据中心网络、高效可扩展的资源调度框架、大规模虚拟机高效部署机制、弹性服务整合框架、互联网服务资源部署框架、弹性可扩展数据分发方法,在解决多尺度资源聚合效能问题上成效突出,并产生重要的国际学术影响。

在可信服务机理方面,提出了虚拟集群的快照技术、分布式存储的快速失效恢复机制、运行时监测与诊断技术、互联网服务质量评估与预测方法,在解决公用环境下多样化服务的可用性方面成效显著,并得到了国际学术界的积极评价。

在实验验证与示范应用方面,基于多尺度弹性体系结构,构建了仿真级实验床、试验级实验床和实证级实验床,利用网络坐标、分布式主动测量与流量预测理论,对互联网网络性能和应用特点进行感知与分析,成果得到国际学术界的积极评价。

相关成果论文发表在 *ACM/IEEE Transactions*、USENIX NSDI、FAST、ATC、IEEE INFOCOM、VLDB 等重要国际学术期刊和会议上,受到来自美国、英国、加拿大、中国香港等地同行学者的关注和引用,应邀在 *IEEE Transactions on Services Computing* 期刊上组织了相关专刊。我们创办了系列国际学术研讨会(International Workshop on Internet-based Virtual Computing Environments),分别在美国加州(2013 年和 2015 年)、英国牛津(2014 年)、中国香港(2011 年)、中国深圳(2012 年)等地召开,吸引了来自美国、英国等地学术界和工业界(如 VMware、华为等)的数百人次参加,在国际上产生一定影响。

7.4　本 章 小 结

本章简要介绍了互联网应用的新发展,阐述了互联网新型应用发展对互联网计算带来的很多新的严峻挑战。为应对这些挑战,我们将对虚拟计算环境的概念模型和体系结构进行拓展,实现多尺度资源的建模,并通过多尺度资源聚合和弹性绑定等技术,以支持多尺度资源的高效聚合和可信服务。我们正在继续发展和探索虚拟计算环境的很多新技术,为高效可信虚拟计算环境的构建提供技术支撑。

参 考 文 献

[1] 艾瑞咨询报告. http://www.iresearch.com.cn/View/225005.html, 2014.

[2] 第 37 次中国互联网络发展状况统计报告. http://www.cnnic.net.cn, 2016.

[3] 全球数据量. http://www.36dsj.com/archives/28204, 2015.

[4] Armbrust M, Fox A, Griffith R, et al. A view of cloud computing. Communications of the ACM,

2010, 53(4): 50-58.

[5] Barroso L, Holzle U. The datacenter as a computer: An introduction to the design of warehouse-scale machines. Morgan & Claypool, 2009.

[6] Stoica I, Morris R, Karger D, et al. Chord: A scalable peer-to-peer lookup service for internet applications. Proceedings of ACM SIGCOMM Conference, 2001.

[7] Li D, Cao J, Lu X, et al. Efficient range query processing in peer-to-peer systems. IEEE Transactions on Knowledge and Data Engineering, 2009, 21(1): 78-91.

[8] Li D, Lu X, Wu J. FISSIONE: A scalable constant degree and low congestion DHT scheme based on Kautz graphs. Proceedings of INFOCOM, 2005: 1677-1688.

[9] Zhang S, Wang J, Shen R, et al. Towards building efficient content-based publish/subscribe systems over structured P2P overlays. Proceedings of the 39th International Conference on Parallel Processing, San Diego, 2010: 258-266.

[10] Andr L, Dean J. Web search for a planet: The Google cluster architecture. IEEE Micro, 2003, 23(2): 22-28.

[11] Dean J, Ghemawat S. MapReduce: Simplified data processing on large clusters. Communications of the ACM, 2008, 51(1): 107-113.

[12] Chang F, Dean J, Ghemawat S, et al. Bigtable: A distributed storage system for structured data. Proceedings of the Seventh Symposium on Operating System Design and Implementation, 2006.

[13] Agarwal S, Dunagan J, Jain N, et al. Volley: Automated data placement for geo-distributed cloud services. Proceedings of NSDI'10, 2010.

[14] 卢锡城, 王怀民. 国家 973 项目 "高效可信的虚拟计算环境基础研究" 申请书, 2011.

[15] Lu X, Wang H, Wang J, et al. Internet-based virtual computing environment: Beyond the datacenter as a computer. Future Generation Computer Systems, 2013, 29(1):309-322.

[16] Lu X, Wang H, Wang J. Internet-Based virtual computing environment (iVCE): Concepts and architecture. Science in China, Series F: Information Sciences, 2006, 49(6): 681-701.

[17] 王怀民, 王意洁. 面向互联网的虚拟计算环境. 科技纵览(IEEE SPECTRUM), 2014: 92-96.

[18] Foster I, Kesselman C, Tuecke S. The anatomy of the grid: Enabling scalable virtual organizations. International Journal of Supercomputer Applications, 2001, 15(3): 200-222.

[19] Zhang Y, Guo C, Li D, et al. CubicRing: Enabling one-hop failure detection and recovery for distributed in-memory storage systems. Proceedings of USENIX NSDI, 2015.

[20] Zhang Y, Guo C, Chu R, et al. RAMCube: Exploiting network proximity for RAM-based key-value store. USENIX HotCloud, 2013.

[21] Huang Z, Biersack E, Peng Y. Reducing repair traffic in P2P backup systems: Exact regenerating codes on hierarchical codes. ACM Transactions on Storage, 2011, 7(3).

[22] Huang F, Lu X, Li D, et al. SCautz: A high performance and fault-tolerant datacenter network for modular datacenters. Science in China Information Sciences, 2012, 55(7): 1493-1508.

[23] Wang Y, Li X. A survey of queries over uncertain data. Knowledge and Information Systems (KAIS), 2013, 37(3): 485-530.

[24] Li X, Wang Y. Parallelizing skyline queries over uncertain data streams with sliding window partitioning and grid index. Knowledge and Information Systems (KAIS), Special Issue on Big Data Research in China, 2014, 41(2): 277-309.

[25] Ma X, Wang Y. A general scalable and elastic matching service for content-based publish/subscribe systems. Concurrency and Computation: Practice and Experience, 2015, 27: 94-118.

[26] Li X, Wang Y. BLOR: An efficient bandwidth and latency sensitive overlay routing approach for flash data dissemination. Concurrency and Computation: Practice and Experience, 2014.

[27] Tian C, Wang Y, Luo Y, et al. Minimizing content reorganization and tolerating imperfect workload prediction for cloud-based video-on-demand services. IEEE Transactions on Services Computing, 2015.

[28] Yin H, Zhang X, Zhan T, et al. NetClust: A framework for scalable and Pareto-optimal media server placement. IEEE Transactions on Multimedia, 2013, 15(8): 2114-2124.

[29] Yin H, Hui W, Li H, et al. A novel large-scale digital forensics service platform for internet videos. IEEE Transactions on Multimedia, 2012, 14(1): 178-186.

[30] Liu F, Shen S, Li B, et al. Novasky: Cinematic-quality VoD in a P2P storage cloud. IEEE INFOCOM, 2011, 2(3): 936-944.

[31] Wang Y, Ma X. A general scalable and elastic content-based publish/subscribe service. IEEE Transactions on Parallel and Distributed Systems(TPDS), DOI: 10.1109/TPDS.2014.2346759, 2014.

[32] 卢锡城, 王怀民, 李东升, 等. 国家 973 项目 "高效可信的虚拟计算环境基础研究" 结题总结报告, 2015.

[33] Zhang Y, Li D. CSR: Classified source routing in DHT-Based networks. IEEE Transactions on Cloud Computing, DOI: 10.1109/TCC.2015.2440242, 2015.

[34] Zhang Z, Li D, Wu K. Large-scale virtual machines provisioning in clouds: Challenges and approaches. Frontiers of Computer Science, DOI: 10.1007/s11704-015-4420-7, 2015.

[35] Li J, Li D, Ye Y, et al. Efficient multi-tenant virtual machine allocation in cloud data centers. Tsinghua Science and Technology, 2015, 20(1): 81-89.

[36] Zhang Z, Li Z, Wu K, et al. VMThunder: Fast provisioning of large-scale virtual machine clusters. IEEE Transactions on Parallel and Distributed Systems (TPDS), 2014, 25(12): 3328-3338.

[37] Li Z, Zhang Y, Li D, et al. VirtMan: Design and implementation of a fast booting system for homogeneous virtual machines in iVCE. Frontiers of Information Technology & Electronic Engineering (FITEE), 2016, 17(2): 110-121.

[38] Zhang P, Li X, Chu R, et al. HybridSwap: A scalable and synthetic framework for guest swapping on virtualization platform. Proceedings of INFOCOM, 2015.

[39] Li Z, Zhang Y, Li D, et al. OPTAS: Decentralized flow monitoring and scheduling for tiny tasks. Proceedings of INFOCOM, 2016.